U0940000

X创造力
创意信手拈来之谜
The Myths of Creativity

[美] David Burkus 著
崔 遥 译

华中科技大学出版社
中国 · 武汉

目录

Contents

作者眼中的创造力

为什么创造力对于商界人士而言仍然可望而不可及?

归根结底，还是因为我们已经习惯了关于创造力的一些固有的刻板印象，甚至奉为神话。当人类无法理解某些事情的原理时，常常会自己圆出一些所谓的“有根据的推测”。久而久之这些推测就变成了坚不可摧的神话，在人们心中扎根。就商界而言，太多的管理学知识告诉我们要善于运用那些前人经过数十年的改良而总结出的理念和公式。但直到现在，我们才认识到，这些理念和公式与创造力关系甚微。因为很难将创造力简化成一组明确的衡量指标，所以很多公司干脆直接放弃自主创新，转而依赖于外包公司。值得庆幸的是，对创造力长达数十年的心理学研究为我们提供了一种方法，可以帮助我们了解创造力的来源以及如何通过增强创造力来取得伟大的创新成果。

公司的管理者们怎样才能更好地理解创造力及其来源？

首先要彻底摒弃各种神话。那些用来解释创造力和创新的故事和推测不仅没有存在的必要，在很多情况下甚至有悖于实验数据。只有认识到这些事实，管理者们才能更好地理解优秀的创意是如何产生的，以及怎样让公司保持蓬勃的创造力。创新自然也就水到渠成。

你是怎样判断出这十个与创造力有关的神话的？

这些神话故事来源于我在攻读博士学位后期时开展的研究课题，研究的重点在于领导力和创新二者之间的关系。我研读了很多文学作品，想要从中了解创新是如何产生的。但我发现大多数公司的运营方式似乎都偏离了创造力的本真。通过深入剖析隐藏在这些公司背后的错误理念和动机，我逐渐意识到他们对创造力的误解与希腊神话几乎如出一辙。虽然再也没有人相信缪斯女神的故事，但是人们又构建了一套全新的、与创造力有关的神话。

你觉得哪个创造力神话的信奉者最多，潜在危害最大？

这本书我是以“捕鼠器神话”结束的，我觉得应该是这个。所谓“捕鼠器神话”就是只要有一个好创意，那成功就是指日可待的事了，它其实来源于一句谚语——“一招鲜，吃遍天”，事实证明这句话并不对。在大多数情况下，伟大的想法和创意在首次公之于众时总会面临人们的质疑。数码相机、个人电脑甚至有声电影最初都被人们视为“无稽之谈”。通常，虽然你想到一个好点子，但整个世界都会本能地打压你，不认同你的想法，因为人们不喜欢改变，除非万不得已。这也是我们对创新想法的偏见，我们嘴上说想更具创造力，但却对别人的新想法抱着排斥的态度，这也是大多数公司都存在的情况。伟大的想法可以从公司的任何层级中孕育而生，但想要让所有层级都消除这种偏见，仍是一个长期且艰巨的过程，很多人会半途而废，多数公司也因此扼杀了很多创意。但不是所有的公司都这样，有些公司已经开始采取措施消除偏见、培养员工的创新思维。因此，这些公司能荣登“最具创造力的公司”、“理想雇主”等榜单，在其所在领域蓬勃发展，也就不难理解了。

第1章

创造力神话

The Creative Mythology

开始之前先了解一下与创造力有关的神话。

神话是故事的一种，通常是非常古老的故事，当人类无法运用现有的知识来解释周围的世界时，为了解释这些不可思议的事情，或者为了维护一些理所当然的行为和思考方式，神话便出现了。古希腊人反复讲述着那些关于上帝、超自然生物和凡人之间的故事，并以此为根据来解释他们所认为的这个世界的运转方式。他们试图用神话去解释那些无法轻易被理解的奥秘，比如大自然的力量、人死后发生的事情，当然还有充满神秘色彩的创新过程。

他们还创造了缪斯，专门负责接收古代作家、音乐家和工程师的祷告，并给予回应。[1] 缪斯手握创造力的神圣之火，是灵感之源。就连伟大的思想家柏拉图也坚信，诗人的创造力完全来自缪斯，因此诗人的所有作品都是缪斯的杰作。[2] 随着希腊神话的发展，缪斯的故事也逐渐丰富起来。最终的希腊神话共有九位缪斯，她们都是创造力的守护神，分管不同的领域，在各自的领域为凡人提供卓越的洞察能力。比如卡利俄珀（Calliope）是掌管叙事诗的缪斯，克利俄（Clio）是掌管历史的缪斯，厄拉托（Erato）是掌管抒情诗的缪斯 , 等等。

希腊人认为所有创新见解都来源于这些缪斯，所以他们崇敬缪斯，渴望追寻创造力的源头，祈求自己能够创造出非凡的事物。能够得到缪斯的启示是一种神圣的荣耀。在当时，包括柏拉图和苏格拉底在内的一些希腊最伟大的思想家们，纷纷建造神殿或者在神殿中礼拜（而且为了万无一失，他们会向所有的缪斯祷告），就是为了让缪斯将灵感赐予自己。经典的希腊叙事诗《伊利亚特》和《奥德赛》都是以向缪斯的祷告作为开篇的。

为了体现缪斯女神的权威性，希腊人甚至想出了一些传说来警告世人不要惹恼缪斯。其中一个故事的主角是一个名叫塔米里斯（Thamyris）的多才多艺的歌手，因自恃音乐天赋而充满傲气，甚至吹嘘自己的演唱实力超越缪斯，于是向缪斯发起挑战。缪斯纵容了他的傲慢并接受了挑战。塔米里斯在与缪斯的较量中不幸落败，缪斯并没有同情塔米里斯，而是弄瞎了他的双眼，夺走了他写诗和弹里拉琴[3]的能力，使他从此再也无法进行艺术创作。塔米里斯的传说被用来强化“上帝和缪斯才是所有天资和创造力的来源”这一信念。他们既然能将创造力赐予你，自然也能将创造力夺走。维系创作生涯的唯一方法，就是始终保持对缪斯的崇敬，并感念上帝创造出缪斯，使她们能将天赋赐予普通凡人。

古希腊人并不是唯一一个认为创造力是神灵馈赠的。历史上信奉包括基督教在内的各种宗教的神学家们，都坚称上帝才是天地万象中唯一的创造力之源。[4]在欧洲，即使到了中世纪，人们仍然普遍坚信创作灵感是神圣的，人类本身就是被创造的，上帝的恩赐才是所有创作天赋和灵感产生的原因。在那时，如果一个人被问起一首歌曲、一首诗或者一件发明创造的灵感来自哪里，答案必定如出一辙——来自上帝。

随着希腊文化对西方世界影响力的扩大，缪斯的传说渐渐流传开来，这些传说贯穿了西方各历史时期的文学作品。在但丁《神曲》的第二章中，他大哭着请求缪斯的帮助；在《特罗伊拉斯和克莱西德》（*Troilus and Criseyde*）篇章中，杰弗里·乔叟[5]向主管历史的女神克利俄求助，请求她成为自己的缪斯；莎士比亚的《亨利五世》（*Henry V*）以向缪斯的祈祷开头；《伊利亚特》和《奥德赛》也都采用了同样的方式。在欧洲启蒙运动期间，很多 18 世纪重要的思想家都想重建教派，信奉缪斯，目的是完成他们自身对知识更高的追求。伏尔泰、丹顿（Danton），甚至连本杰明·富兰克林都参与了一个名为“九姐妹分会”（the Nine Sisters）的教派，它是共济会[6]的下属分支。在现代文化中，我们依然能够感受到缪斯们带来的影响，比如“museum”这个英文单词，原意是指缪斯信徒的聚集地，现在已经演变为指代陈列公共知识或者创造性工作的地方。

即使到今天，原始神话的点点滴滴在我们的谈话中都依稀可见，在我和一位大学老友的交谈中就经常出现。我们曾一起上过几节写作课，她一直想写一本小说。十多年前她就有一些初始想法，而且已经完成了所有的调研工作，但却从未真正动笔写作。直到上一次我们聊天，她的小说仍没有什么进展，还是一本写满调研结果的笔记本，故事部分空空如也。当我询问到她的小说时，她总是回答说：“我实在找不到能让我坐下写作的灵感。”虽然没有明说，但她的言外之意隐约透露出一个信念，那就是她需要某种外力降临，给予她写作所需的一切。

类似的话语在我与另外一位朋友的聊天过程中也常常出现，他一直想创业，但直到现在，他仍然没有辞职。我已经数不清他读过多少本有关企业家精神的书和创业杂志，他一直在调研，却从未开始创造。那些伟大的公司是如何从名不见经传成长为行业巨头的，他可以如数家珍。他告诉我，“我就差一个好点子了。”没错，仅仅需要一个好点子，他就能够自己成为老板，开创一家真正能影响全世界的伟大公司。可是，要是真的有一个在宇宙某处等待的点子能马上进入他的脑海就好了。

尽管与创造力有关的希腊神话仍然对现代社会有着深远的影响，但现代科学方法已经帮助我们摆脱了对缪斯的盲目崇拜。通过研究，我们逐渐接受了可以帮助我们产生创新想法的经验模型。我们不再迷信于伟大的想法只能来自于外力的说法，我们相信我们自身就已经拥有所需的一切。

如果这些新颖而实用的想法并非来自于神的恩赐，那么它们究竟来自何方？是什么让我们有时灵光乍现，有时又一片空白？是什么让有些人的创造力在同龄人中脱颖而出，而有些人却望尘莫及？那些顿悟的瞬间从何而来？我们要怎样做才能获得更多的灵感？有人认为神灵的偶尔降临会带给我们灵感，有人认为创新应当是近乎宗教般的体验。这些想法或许可以解释为什么创造力转瞬即逝，但对于面临创新挑战的人而言，这些神话并没有什么帮助。相反，一些相关的创新研究结果，却能助他们一臂之力。

尽管经过了近一百年的研究，创造力这个词汇仍然没有一个准确一致的定义，大家只是达成了一个小小的共识——领域内大多数专家都认为创新是一个开发出既新颖又实用的想法的过程。[7] 想法的新颖性很容易得到大家的认可，但实用性也同等重要。《蒙娜丽莎》作为一件非常重要的创新作品享誉四海，但《蒙娜丽莎》的复制品则无人稀罕。不过施乐公司于 1959 年发布了第一款办公复印机，让复制品成了新颖而实用的东西。在公司中，不断创造出既新颖又实用的想法、项目、流程或程序，是引领创新、保持竞争力的先决条件。

创造力和创新之间有着独特的联系。哈佛商学院教授特瑞莎·阿玛比尔（Teresa Amabile）认为“个人和团队的创造力是创新的起点”，她写道“前者是后者的必要不充分条件。”[8] 特瑞莎·阿玛比尔相信创造力是创新的不竭源泉，但她认为创造力并非来自天赐，她一直捍卫本人提出的“创造力成分模型”理论。经过数十年对创造力的研究，这一模型被用来解释创新过程及其产生的多方面影响。

特瑞莎·阿玛比尔断言创造力被四个不同的成分影响，分别是领域相关技能、创造力相关流程、任务动机和周围社会环境。[9] 这四个要素共同决定了灵感能否出现，而它们之间相互重叠的地方实际上就是产生创造性工作的地方。这些要素呈现的程度也会影响个人的创造力水平，换句话说，一个目的明确的人如果拥有了极强的创新思维能力、一定水平的专业知识并且处于一个支持创造力的环境中，那么他便拥有最强的创造力。这些因素相互协调产生出创造力，创新也就应运而生。

领域相关技能（通常称为专业知识）指的是在一个给定领域中，个人所拥有的知识、技能或天赋，是一个人在创新过程中的必备资源。一个完全不懂音调、音阶与和弦的人很难创作出交响曲，一个不了解物理学、工程学、建筑材料等相关领域知识的人也很难绘制出办公楼设计图。在很多领域中，例如传统美术领域，我们常常把创造力和专业知识搞混淆。我们认为自己不能成为优秀的画家，是因为我们没有大师般的创造力，却忽略了一个重点：为了掌握这些专业知识，我们付出了多少年的勤学苦练。

创造力相关流程指的是人们在处理特定问题，生成解决方案的过程中的做事方法。当人们从多个角度审视问题、将不同领域的知识融会贯通，并从现状出发考虑问题时，会运用到这个流程，且具体的流程因人而异。善于接受不同见解并勇于冒险的人更容易创造性地解决问题。然而，虽然拥有某种个性的人能更快地掌握并运用这些方法，但其实这些方法是可以通过学习获得的。哪怕是那些依赖性强、害怕冒险的人也可以通过学习而掌握获得灵感的方法，并整合所有可能的输出，发挥协同效应，获得创新成果。

任务动机指的是参与某项任务的意愿，简单来说就是热情。

在面对挑战时，它会转换成对解决问题的渴望，或者是能为之努力的那种满足感。尽管专业技能和创造性思维是赢得创新之战的武器，但个人和团队只有踏上战场，才能打响这场战役。专业知识丰富且不墨守成规的设计师才是客户所需要的，但如果设计师本人缺乏投身于这场创新之战的动力，那么他的能力永远无法得到施展。

最后一个影响因素是社会环境，也是唯一一个完全存在于个体之外的元素。我们都身处大环境之中，环境对我们的影响远超过我们的想象。研究表明，一个人所处的环境对他的创新表现力起到可正可负的作用。[10] 公司对新想法表示欢迎还是排斥，领导层更愿意进步还是维持现状，公司中是否存在政治问题，相互协作的跨部门团队是否发挥了效用，员工是否有解决问题的自由，且是否愿意在公司中积极地分享新想法等都是评估一个公司的社会环境对员工的创造力起增进作用还是削减作用时要考虑的因素。

阿玛比尔的模型的精妙之处在于其广泛适用性，模型中的四个要素可以从正反两方面调节公司环境对于成员创造力的影响。如果我们希望团队成员想出好点子，可以基于这四个要素来分析团队的情况。如果能有意识地规划这些要素，那一定会促进创新想法的产生。

领域相关技能是可以提升的，比如摄影师可以学习光线使用方面的新技术，或者进入电影制作领域；计算机程序员既可以深入学习新的编程语言，也可以进入工业设计等其他全新的领域。很多公司已经为员工提供了内部培训、岗位轮换和报销学费的外部学习等项目，就是为了提高员工的专业技能。但在大多数公司中，这些培训和学习都明确要求与员工的本职工作相关。接下来，我们会讲到比起专业知识的深度，有时候广度更能提高员工的创造力。

创造力相关流程可以通过学习获得。人们可以学习怎样进行头脑风暴（确切地说是有效地进行头脑风暴），也可以学习解决问题的方法或者用横向思维[11]思考问题的技巧。如果人们拥有了更多的想法、掌握了更好的思维能力，那么创新工作的质量也会随之提高。就像上文提到的摄影师可以学习怎样去设想肖像构图，或者学习怎样合并多种类型的元素，得到一个独特视角。那位程序员也可以学习怎样设计多版本的软件，或者学习怎样整合不同的元素，得到更好的产品。

专业技能和创新方法都可以习得，但如果没有工作的动力，一切都是无稽之谈。摄影师本人可能更能理解镜头捕捉到的故事的内在含义，可能是只有他本人才能讲述的故事，也可能只是他恰巧路过的抓拍。程序员正在做的工作，可能是通过设计下一代人机交互界面来改变世界，也有可能仅仅是一个用于标志用户国籍的下拉框。值得庆幸的是，我们可以通过精心安排工作和项目，来更好地激励个人。在第6章，我会说明比起传统的公司奖金计划，为什么具有内在激励机制的职位能得到更富创造性的回报。

公司的社会环境通常是最难改变的部分，但恰恰是最重要的部分。通过影响其他三个内在要素，社会环境可以增进或削弱个人的创造力。一个公司在持续提升和学习方面的投入程度，将直接影响到员工个人发展专业技能的难易。同样，公司中跨部门合作的情况如何，也将影响员工个人能否从群体中博采众长。最高管理层对于新想法和创新资源可用性的开放程度，将影响人们选择经常创新还是维持现状。最高管理层能否积极有效地推广持续创新的宏图，并用行动和政策加以保障，决定了员工能否畅所欲言地表达创造力。此外，公司是否重视开展上述工作，也将影响员工个人在日常工作中进行创造和创新的内在动力。

“创造力成分模型”让人们看清了一个事实，那就是创造力并不是他们通常认为的那种充满神秘色彩或令人畏惧的过程。与其说创造力来自于上天的馈赠，不如说它是由视角多元化、训练有素的人们在恰到好处的环境中共同努力得来的产物。虽然那些所谓的创新的神秘主义者还在向缪斯祷告，用嫉妒的眼光看待那些“天资聪慧”的人，但这个经验模型所隐含的道理是显而易见的，那就是在适宜的条件下，任何人都是具有创造力的，每个人都可以想出伟大的想法。

尽管特瑞莎·阿玛比尔的模型用实证向创造力神话发起了挑战，但对于很多人而言，创造力依旧保持着神秘色彩。就像虽然科学已经解释了那些最原始的创造力神话，但人们又想出了新的神话来解释这一切。或许你曾突然有过开创性的见解、迸发的灵感，感觉就好像它们来自于外力；或许在你眼中，别人天生就拥有创造力，自己天生就不是这样的人；又或许回顾人类发明创造史，你总觉得每个伟大的想法看起来都是革命性的成果，根本无法根据现实预测出来。以上这些事实的确很难解释，因此久而久之，我们便想出了一套方法来自圆其说：在心中构建了属于自己的启发、思辨系统去推测创造力的原理，然后这些推测就演变成了神话。

人们之所以相信创造力神话，其中一个原因可能是新的想法常常会灵光乍现，即"尤里卡神话"，最具代表性的是牛顿和苹果的故事。但其实这些顿悟是在一个问题或项目上辛勤工作的结果，并不是什么突发奇想。虽然答案就在那里，但人们需要花时间去思考，并在潜意识中将它们酝酿出来。有时候新想法的产生来源于一些旧想法的片段。

抛开古老又神圣的创造力来源不谈，很多人仍然将创造力视为一种仅属于少数人的稀缺资源，这就是"种群神话"。人们坚信创造力是存在于个性或基因中的内在特点，我们将这些人称为"创造性人才"，其他人并没有这种能力。然而，几乎没有研究能证明这个理论，事实上，证据恰恰证明了相反的结论：没有所谓的创造力族群。很多公司正在进行架构调整，就是为了区分创新性岗位和非创新性岗位，尽量做到让每个岗位的人都能发挥创新的作用。

通常来说，当一个创新想法产生后，会立刻被大家认为是想法提出者的个人专利。在商业领域，这也是日益重要的知识产权的一部分。然而，我们又陷入了另一个误区:“独创性神话”，认为创新的想法完全是提出者的独创。历史记载和实证研究却支持另一种不同观点，那就是新想法是一系列旧想法的结合体，将想法分享出去有助于产生更多有创造性的想法。这项研究包含了一些有趣的暗示，例如在公司中，我们怎样保持创新想法的竞争力。

很多时候我们指望专家团队能持续不断地提出创新想法，然而这不是万全之策。有时我们会陷入“专家神话”，认为困难的问题需要更博学的专家才能解决。研究结果表明，以旁观者的视角来看待问题往往更容易解决它们。公司可以想方设法发挥这些旁观者的力量，来为复杂问题寻求创新的解决方案。那些依赖于专家的公司经常会陷入另一个神话——“激励神话”，认为只要使用金钱或者其他方式激励员工，就能提升他们的工作积极性进而提升创新能力。这些激励固然能起到一定作用，但通常弊大于利。值得庆幸的是，近五十年来有关工作积极性的心理学研究结果可以帮助人们摆脱各种激励项目，并去设计真正能激发员工工作动力的体系。

当我们审视历史上的创新工作时，天才们自然而然地脱颖而出。我们善于改写历史，创作出“孤独创造者神话”，目的是将突破性的发明和极具创造力的工作归因于某一个人，而忽略站在“天才”身后的人。其实，创新通常是一个团队集体工作的结晶，近期一些关于创新团队的研究可以帮助领导者们建立绝佳的创新班底。但当这些团队工作的时候，他们又陷入了“头脑风暴神话”，坚信只要进行头脑风暴就可以有创造性的产出。但其实，想要保证源源不断的创意产出，仅靠“抛出想法”是远远不够的。

一想到创新团队在一起工作的场景，我们脑海中自然而然会浮现出那些“古怪”的公司，公司里员工们玩着桌上足球，一边吃着免费的午餐，一边不停地开着玩笑。我们想当然地认为富有创造力的公司必定十分注重内部安定、团结的氛围，这种氛围肯定建立在玩乐和分享的基础之上。但事实并非如此,“凝聚力神话”的拥护者们希望所有人都能在一起开心地工作，但实际上这会妨碍创新思考。很多最具创造力的公司，会将一些存在异议和矛盾的东西安排到其工作流程中，以确保其有最高质量的产出。我们对资源也有着同样的错误认知，我们认为那些创新成果丰厚的公司会给员工提供无限的资源，这就是“约束神话”，认为约束条件会阻碍人们的创造力。然而，很多公司反其道而行之，他们故意给员工一些限制，却使员工发挥出了潜在的创造力。因为有研究表明，创造力离不开约束条件。

大多数神话讲的都是如何成为有创造力的人，唯有一个神话涉及创造力本身。很多人都错误地认为只要拥有创新想法，就万事大吉了，这个世界自然会承认这个想法的价值，然后帮助我们实现它，这就是“捕鼠器神话”[12]。永远不可能“一招鲜，吃遍天”，即便在最好的情况下，人们和他们的创新想法都有可能会被视而不见，更别提最差情况下了，极有可能被完全摧毁甚至名誉扫地。为了驱动创新的产生，只知道如何冒出新点子还不够，我们需要懂得怎样克服以上问题。

与很多传统神话一样，创造力神话有助于让我们从容不迫，不再煞费苦心地去寻找创造力的来源。它们似乎可以解释这个世界的运转方式以及我们所拥有的创造力（或缺乏的创造力），即使这些神话不能给出完美的解释，接受它们也好过无可奈何地耸耸肩，然后承认我们自己的幼稚。然而，与其他神话一样，太迷信它们有碍于我们对现实的认知。创造力神话感觉上似乎对我们有帮助，但不顾证据、固执地迷信它们，着实会妨碍我们开发自身潜在的创造力。一旦知道真相，我们就可以抛弃这些神话，去准备那些真正能给我们带来创新思维的东西。如果想要获得真正优秀的创意，我们不能依靠直觉和神话，相反，我们需要深入分析那些对创造性人才和公司展开的一系列科学研究。公司需要的是创造力，而不是创造力神话。

创造力是一切创新活动的起点，大多数公司都依靠创新来获得竞争优势。创新是新项目、产品得以成功研发、实施的必要条件。正因为如此，各行各业的公司领导们都一直在询问有关创造力的问题。创造力从何而来？怎样能更具创造力？何处才能寻找到创造性人才？所有这些问题都很有价值，但创造力神话常常让我们误入歧途。为了引领创新，我们必须更好地理解创造力的来源以及怎样做才能帮助人们提高创造力。

所以，我们必须重写这些神话。

第2章
尤里卡神话
The Eureka Myth

如今，虽然很少有人提缪斯如何启示凡人并赐予灵感的故事，但关于灵感，我们还是编造着类似的传奇。我们喜欢看到当英雄不知所措时，答案从天而降的豁然开朗。即使这些灵感并非来自缪斯，我们在复述故事时仍然会将其描述为身外之物的降临。这就是“尤里卡神话”，认为所有的创新想法都出现在“尤里卡”（Eureka）[1]时刻。我们在谈论他人的天才想法，总是想当然地认为那些想法是突然造访的，于是我们便草率地掩盖了别人在豁然开朗之前的孜孜不倦和辛勤工作。这些故事总是将想法作为描述的中心，而不是提出想法的人。在某种程度上，我们偏爱这类故事，是因为“尤里卡神话”给我们提供了一个完美借口，可以解释我们为什么缺乏创意，让我们以为创意只是还没找到我们，没准儿哪天它们就会到来。而且，我们对一些众所周知的故事念念不忘，例如掉下来的苹果的故事。

我们都听过这个故事，牛顿坐在一棵苹果树下，这名年轻的学者正在思索宇宙的本质，他卡在了一个具有挑战性的问题上——究竟是什么让宇宙成为一个整体。他坐在那里，背靠着苹果树，这时，大树启发了他：一个掉落的苹果正巧砸在他的头上，触发了他的思考。据此他推理出，一定有某种力量牵引苹果落地，而牵引苹果落地的力有可能正是牵引月球使其绕地球运行的力。牛顿在“尤里卡”时刻得到了答案。苹果掉落下来，然后牛顿发现了万有引力，这个故事十分吸引人且极具说服力，这也是这个故事的生命力如此旺盛，能一直流传至今的原因，但其实这件事从未发生过。

最早有关牛顿与苹果的记录来源于牛顿的一个同学，名叫威廉姆·斯蒂克利（William Stukeley），他后来撰写了一部牛顿的传记。在传记中，廉姆·斯蒂克利讲述了一个故事，当时两人一起在牛顿家中吃饭，饭后在花园中喝茶。恰巧一个苹果从花园中的树上掉落下来，这才使得他和牛顿开始讨论万有引力。他们的讨论以物体所受的引力会因物体的大小而不同这一论断告终。[2]就是这样，没有被苹果砸，没有灵光乍现。廉姆·斯蒂克利描述的苹果事件几乎没有给出更多具体细节，介绍牛顿对万有引力的了解程度如何。廉姆·斯蒂克利描述的那个苹果充其量也就是一个契机，引发牛顿开始研究万有引力的数学方程式。但由于这个故事被包括伏尔泰[3]和以撒·迪斯莱里（Isaac Disraeli）[4]等著名作家在内的很多人反复地讲述过，这个苹果的运动轨迹也悄然发生了变化，从掉落到草地上变成直接砸到牛顿头上。

除了牛顿和苹果的故事，最为著名的“尤里卡神话”非阿基米德和浴缸的故事莫属了，“尤里卡”一词也正起源于这个故事。阿基米德的堂兄赫农王（King Hiero）给了阿基米德一项特殊的挑战，希罗王得到了一个王冠，据称是由纯金打造而成的，他想知道这个金王冠是真是假，于是他要求阿基米德检测一下，但不能毁坏这个王冠，因为有可能是真的，所以阿基米德不能将王冠熔化切割查看它的成分。钻研了一段时间无果后，阿基米德决定洗澡放松一下。他在浴盆中放满水，然后进到浴盆中，此时，他看到由于身体的浸入导致水位上升，从而有水从盆中溢出。阿基米德立刻找到了解决方案——可以将王冠浸入水中，通过称量排水量来测定王冠的密度，然后便可分析出王冠的成分。阿基米德激动万分，于是他赤身裸体奔向宫殿。据说当时他边跑边喊着“尤里卡”，在古希腊语中意为“我找到了”。

这些故事听起来引人入胜，但极有可能只是无中生有。无论故事是真是假，这些故事都忽略了主人公在“尤里卡”时刻前前后后所付出的那些辛勤努力。在牛顿的例子中，大多历史证据都表明，他早就已经开始思考万有引力对行星运动造成的影响。那个掉落的苹果最多也就是引发了牛顿思考两件事：一是作用于体积小、行星形状的物体（比如苹果）上的引力；二是在地球和月球之间存在一种较大引力的可能性。即使苹果事件千真万确，牛顿也是在几年之后才提出了最终版的万有引力的数学解释。同样，在阿基米德的例子中，我们总是习惯于忽略阿基米德在洗澡之前所完成的一系列工作，比如他至少是掌握了可以通过测定排水量来计算密度的方法。而且洗完澡之后，他也需要进行一定的测定和计算。

在所有涉及“尤里卡神话”的故事中，以上两个故事是我们最耳熟能详的，但显然远不止这两件事。当人们在讲述创造性的顿悟和乍现的灵感时，似乎会遗漏很多东西。在牛顿的例子中，我们讲述的版本很可能是在真实版本上，添加了很多听起来妙趣横生但却子虚乌有的细节。“尤里卡神话”没有给出太多关于怎样产生创意和创新突破的具体指导，相反，它将想法的产生过程变成了一种更加机缘巧合的过程，也就是说，只要你处在对的时间、对的地点，当有外力触发时，想法会自然而然地浮现出来。“尤里卡神话”和这些故事没有告诉我们怎样才能获得灵感。如果某个想法突然出现了，那么是什么触发了它呢？显然，除了被苹果砸或者洗澡水溢出来之外，我们自己必须要做些事情，才能触发一个有创造力的想法。

心理学家米哈里·希斯赞特米哈伊（Mihaly Csikszentmihalyi）一直在探寻一些东西。在一个由他主持的著名研究项目中，他研究了 91 名具有创造力的杰出人才的思想，这些人包括作家罗伯逊·戴维斯（Robertson Davies）、著名科学家莱纳斯·鲍林（Linus Pauling）和乔纳斯·索尔克（Jonas Salk）等。希斯赞特米哈伊没有采用心理测试或者大脑成像的方法来探究他们大脑内部的工作机理，而是着重研究他们自身对于思考过程的看法如何。他的目的是去理解这些人是如何看待自己产生创造性顿悟的。简而言之，如果“尤里卡”时刻真的是他们自己制造出来的，那么希斯赞特米哈伊就要搞清楚他们是如何做到这一点的。他发现几乎所有被研究对象分享的创新过程都十分相似，包括准备、酝酿、顿悟、评估和精细化五个阶段。[5]我们注意到希斯赞特米哈伊总结的五个阶段中包括顿悟的时刻，也就是所有的难题都迎刃而解的那一刹那。“尤里卡神话”告诉我们，这些顿悟是在机缘巧合下被触发的，但希斯赞特米哈伊将这一时刻放在了一个更加广泛、精心设计的流程中，其中就包含一个通常被人们在工作生活中忽视的阶段，那就是酝酿阶段。

酝酿阶段指的是人们停下脚步，暂时回顾过去所做工作的阶段。很多具有创造力的人会有意识地将项目搁到一边，然后让身体休息一下。他们认为在酝酿阶段里，准备阶段所获得的知识能够得以消化理解，想法开始从潜意识里浮出水面。有些人会同时工作于不同的项目中，他们认为当自己的显意识关注一个项目时，潜意识便会酝酿其他项目。事实上，比起牛顿和阿基米德著名的“尤里卡”时刻，以下事实更具普遍性。爱迪生、米开朗琪罗、达尔文、凡·高和达·芬奇都同时开展多个不同项目的研究，定期来回切换。[6]希斯赞特米哈伊的研究也指出了这一点，即尽管显意识一次只能关注于一个事物，但潜意识却能够同时酝酿很多想法。他写道，“在酝酿阶段，我们的认知系统会处理在这段时间内发生的事情，其中某种信息处理机制可以在我们没有意识到的情况下持续运行，甚至是睡觉的时候。”[7]酝酿阶段可能要经过少则几天多则几年的时间，一旦完成，人们就会进入顿悟阶段，也就是“尤里卡”时刻发生的阶段。酝酿出来的想法已经发酵成为一个可以进行测试和实施的解决方案。顿悟似乎是在某些时刻凭空出现的，但其他的时间我们必须要集中精力进行研究，才有可能获得富有成效的顿悟。

希斯赞特米哈伊不是描述创新发现过程系列阶段的第一人。早在19世纪末，法国数学家亨利·庞加莱（Henri Poncairé）就尝试用四个不同的阶段来描述创新发现的过程，包括准备、酝酿、启发和求证。庞加莱提出的四个阶段与希斯赞特米哈伊描述的创造性人才采用的五个阶段十分相似。不过虽然在两种描述中，都包含茅塞顿开的刹那和对想法验证的需求，但酝酿阶段才是二者最为一致的地方。庞加莱和希斯赞特米哈伊都认为"尤里卡"时刻不会凭空发生，而是要先经过研究和准备阶段，想法才会在某个思维无意识的阶段中诞生。

如果庞加莱和希斯赞特米哈伊提出的酝酿概念千真万确，那么我们就应该可以在实际生活中找到酝酿阶段确实存在的证据。事实证明的确如此，但证实过程相当困难，以至直到最近才找到酝酿阶段产生影响的证据。悉尼大学智能中心的一个心理学研究小组设计了一项实验，他们将 90 名心理学专业的大学生分成三组，并给每组都分配一项任务，进行反复功能测验（alternate uses test）[8]，即要求参与者尽可能多地列举出一些常见物品的可能用途。在本次实验中，参与者需要列举出一张纸的用途。参与者所能想到的用途个数被用作衡量发散性思维的指标，发散性思维是创造力中非常重要的一个元素。第一组是连续进行四分钟；第二组在任务开始两分钟之后，研究人员让他们完成另外一项需要创造力的任务——写出给定列表中所有单词的同义词，这项任务完成后，参与者继续进行最开始的任务；第三组在任务开始两分钟之后，研究人员也让他们完成另外一项任务，但与创造力毫不相关——进行麦尔斯—布瑞格斯人格模型测试[9]，同样在完成后继续进行最开始的任务。三个组都有四分钟的时间去思考一张纸的可能用途，但其工作模式不同，分别是持续工作、在一项工作进行过程中完成另一项相关任务以及在一项工作进行过程中完成另一项不相关任务。因此，研究人员可以对比三组参与者的创造力。研究人员发现，第三组最终列举出的用途个数最多，在四分钟内平均每人想出了 9.8 个想法；第二组位列中间，平均每人想出了 7.6 个想法；而完全没有休息、一直持续工作的第一组列举出的用途个数最少，平均只有 6.9 个想法。据此研究小组验证了一个结论，那就是尽管酝酿阶段只有短短几分钟时间，却可以显著提升一个人的创造性产出。

另一项由本杰明 · 贝尔德（Benjamin Baird）主持的研究使人们有幸得以一窥在酝酿阶段思维内部进行的活动。贝尔德是加州大学圣芭芭拉分校（UCSB）的一名心理学家，他的主要研究方向是意识认知在人类思考过程中所发挥的作用。[10] 在贝尔德主持的研究中，参与者要完成一系列类似上文提到的测验，但有一点不同，贝尔德让参与者完成的作为酝酿阶段的额外任务，不再是相关和不相关两种任务，而是认知上困难和简单的两种任务。困难的任务需要用到记忆力和认知处理系统，而简单的任务只需要反应时间即可。实验中，对照组一直解决创新难题，中途不休息。在酝酿阶段的额外任务完成后，研究人员让参与者完成一个通用问卷调查，记录他们在进行任务的过程中走神的次数，所谓走神就是当他们想到个人的烦恼、过去的事情或者未来计划的时候。不出所料，问卷调查的结果显示，比起执行困难任务的参与者，执行简单任务的参与者声称自己走神的次数要多得多。那些最经常走神的人彰显出了更好的创造力，他们写出的物品用途数更多。贝尔德和他的项目组证明，在酝酿阶段中，人们的思维在天马行空地漫游，这会显著提升人们的创造力。他们的研究还暗示，通常来说，那些思维经常神游的人更具创造力。而之所以如此，正是因为这些思维神游者发挥了酝酿的力量。

酝酿为什么能带来“尤里卡”时刻、提升创造力？这一问题有多种多样的解释。普遍来说，酝酿让人的大脑有机会休息片刻，但除此之外，一个更流行的说法“选择性遗忘”（selective forgetting）似乎更加中肯。当人们思考复杂问题的时候，大脑经常卡壳，这时它便通过某些通路进行回溯，进而反复思考。如果你持续地研究某一个复杂问题，你的思维会局限于之前的解决方案中，变得僵化。以上文提到的实验为例，列举一张纸的用途，你绞尽脑汁，得到的答案也总是那么几个，想不出更多的可能用途。反之，暂时放下难题，休息一会，专注于其他事情，给你的大脑一些时间让它从一个答案中解脱出来，逐渐淡化记忆中的那些旧的思维通路。然后当你重整旗鼓重新思考原来的问题时，大脑便更容易想到新的可能答案。当这种思维的回归被一个偶然的事件或一次不经意的观察触发时，那么给人的感觉就像是牛顿和阿基米德传说中的“尤里卡”时刻。

牛顿发现万有引力方程、阿基米德找到测试王冠的方法很可能都发生在酝酿阶段之后。在这两个例子中，他们都允许自己的大脑放松休息一下，一次不经意的观察将他们的注意力引回到之前的问题上，促使他们无意中发现了新的可能性。因此酝酿才是解决问题的关键，而不是树上掉下的苹果和溢出的洗澡水。既然如此，那么“尤里卡”的故事为什么能一直延续至今？也许是因为历史的本质就是故事，树上掉落苹果和洗澡水溢出来的故事远比真相更加吸引人。

20 世纪 30 年代，诺曼 · 梅尔（Norman Maier）设计了一项实验，旨在解释人们为什么将顿悟认为是突如其来的灵感。[11] 梅尔是一位著名的实验心理学家，他的大部分工作都在密歇根大学完成。在关于顿悟的实验中，他让每名参与者先后进入一间大房间，房间中摆放着电线、钓鱼竿、桌子和椅子等各式各样的物品。梅尔事先在天花板上吊了两根长绳，一根垂在房间的中间，另一根贴墙垂下。虽然两根绳子都很长，但它们之间距离很远，参与者无法在抓着一根绳子的情况下够到另一根。梅尔给参与者出的题目是将两根绳子绑在一起。具体来说，就是连接两根绳子，方法越多越好。

梅尔的题目答案不唯一，大多数参与者都想到了三种相对简单的方案。第一种是将一根绳子尽可能拿近一些，将其绑在家具的一角，然后把另一根绳子拿到绑着第一根的地方；第二种是把电线绑在一根绳子的末端，然后直接拉到另一根绳子处；

第三种是用钓鱼竿将一根绳子钓过来，然后拽到另一根绳子处。绝大多数人只想到这三种解决方案，但也有少数人想到了第四种方案——让一根绳子来回摆动，然后抓住第二根绳子的末端朝着摆动的绳子走去，当第一根绳子恰巧摆过来时抓住它。对于那些一开始没有想到这种解决方案的参与者们，梅尔给了他们一点提示。实验开始十分钟后，他走进房间，路过其中一根绳子时，用恰到好处的力量“不经意”地碰了一下绳子使其开始摆动。大多数参与者观察到这一细微动作之后，便想到了第四种方法。令人不可思议的是，实验结束后，当梅尔询问他们是如何想到第四种方法的时候，只有一个人提到了梅尔“不经意”的触碰，而其余人都将其描述成灵光乍现，甚至还给出了像模像样的解释，说自己当时想到了猴子在树林间摇荡或儿童荡秋千的场景。梅尔的实验证实了被大多数心理学家统称为“虚构”现象的存在，也就是虽然事情在发生过程中有很多东西原因不明，但偏偏事后，人们可以对这些不明所以的部分编造出解释。人们耳熟能详的树上掉苹果的故事正是凭借虚构才写出来的。当人们在酝酿阶段产生了来源未知的顿悟时，虚构帮我们给它披上了一个美好又令人满意的故事外衣。

“尤里卡神话”的实证研究对于理解与创新有关的事实固然至关重要，但不可忽略的是，以下观点也同等重要，那就是不论牛顿还是阿基米德，如果他们没有完成希斯赞特米哈伊提出的创新思维过程的其他四个阶段，那么想得到“尤里卡”时刻也只是痴人说梦。如果没有提前完成充分的准备，他们的大脑可能永远也想不出正确的解决方案。同理，如果没有经过想法评估和精细化两个阶段，他们的想法永远也得不到验证，说不定我们现在还生活在没有万有引力方程的世界中。除了万有引力，如果没有酝酿阶段和接下来的想法精细化过程，我们可能还会与另一项改变生活的创新产品失之交臂，那就是便利贴。

1966年，一个名叫斯宾塞·席尔佛（Spencer Silver）的年轻化学家加入了3M公司[12]的研发部门。之后的两年里，他在不同的项目组中工作过。两年后,席尔佛将目光转向了黏合剂产品线，这也是公司众多成熟产品线中的一个。席尔佛在这一项目上断断续续地工作了五年，但结果差强人意，他只研发出了一种劣等粘胶。[13]无论怎样调整化学方程式，他都只能研发出这种黏性比现有产品差很多的粘胶。他坚信自己的研究成果一定能在某处派上用场，但此刻还没什么想法。席尔佛没有气馁，他坚持将自己的项目成果展示给公司很多人，希望他们能帮助自己找到这项产品的用处。然而很不走运的是，大家都爱莫能助。

一次偶然的机会，席尔佛将项目展示给了阿特·傅莱（Art Fry）看,傅莱是一名化学工程师,他还在教堂唱诗班担任演唱者。傅莱有一个困惑已久的问题，那就是怎样在不损坏赞美诗集的情况下，在书页上做记号。他尝试过书签，但每当他打开书开始唱歌的时候，书签就很有可能从书中滑落。一个周日的早晨，当傅莱在教堂的时候，他的思绪游离到了席尔佛那个被搁置的项目上。于是他将赞美诗集的书签和席尔佛的项目这两个点连成一条线：如果在书签上涂上席尔佛的粘胶，书签就可以粘在赞美诗集里，用过之后也可以轻而易举地被摘掉，不会对书造成任何损坏。傅莱当即返回公司，然后联系了席尔佛。他们二人将这个项目作为自己工作之余的项目，经过两年时间，研发出了半永久性书签的原型产品，后来他们又在席尔佛家的地下室里搭建了一个生产半永久性书签的装置。经过数年时间的改进，他们的产品最终成型，在 3M 公司内部展示时引起强烈反响。人们喜欢用这种“可摘书签”，产品广受好评并迅速传开。但他们仍然面临一个问题——书签的利用率不高，大部分用于测试的书签只被用过一次就被塞在书里，然后摆放在书架上等待读者的取阅。或者被重复利用，同事们从一本书上摘掉书签然后粘到另一本书上。“可摘书签”这个产品本身很好用，但利用率低，市场需求不大。

几周之后，当傅莱研究另外一个不相关的项目时，突然有了新的灵感。当时他正在审阅报告，看不太明白其中的某段内容。他没有选择写备忘录或者打电话，而是随手拿了一个“可摘书签”，他将自己的问题写在了书签上，并将其贴在报告上，然后连同报告一起呈递给主管。令他感到诧异的是，主管归还报告时，竟然也将回答写在了另一个书签上，并贴在了第一个书签的上面。傅莱突然意识到，这些书签可以用作沟通的工具，他可以在书签上给同事留言，然后把书签贴在方便他们看到的地方。“茶歇期间，我们想到'原来我们拥有的不是书签，而是一套完整的系统方法'"，傅莱讲述他和席尔佛的发明时如是说道。[14] 于是傅莱给同事们发放了很多书签，并赋予了书签新的说明：请在上面留言。短短几周时间，3M 公司办公室的所有可见区域就都贴满了一张张正方形小纸片。

1980 年，也就是席尔佛研发出"劣等粘胶"整整 12 年之后，3M 公司在大众市场上发布了便利贴这一产品。从表面上看，这个故事似乎又是一个翻版"尤里卡"时刻的故事。但如果我们按照希斯赞特米哈伊提出的五阶段创新思维过程重新来看的话，结论将截然不同。席尔佛和傅莱在准备阶段付出了一切可利用的时间。为了测试方程式的有效性，他们进行了无数次的实验，调整生产流程；还与很多不同的同事讨论项目，集思广益。因为这只是一个业余项目，他们平时的工作重心依然是公司的项目，因此他们被迫经常在几个项目之间来回切换，也就自然有了很多酝酿阶段。正是在其中一个酝酿阶段中，傅莱有了第一次顿悟，即将粘胶粘在纸上制作书签。席尔佛和傅莱将第一次的想法进行求证，但结果差强人意。产品本身是好的，只是没有显示出太大的市场潜力。在另一次酝酿阶段中，傅莱有了第二次顿悟，即将书签用作便签。这一次，在完成了想法的验证和精细化后，他们取得了巨大成功。由此可见，即便有了两次顿悟，仍然任重而道远，还有很多工作要做，才能验证出在"尤里卡"时刻得到的顿悟究竟能否帮助他们生产出一个真正有市场潜力的产品。

我们喜欢听故事，尤其是像牛顿与苹果、阿基米德与浴缸这一类灵光乍现的故事。然而，正如便利贴一例，这些天才想法的闪现其实只是创新工作大流程中的一部分。流程中的每一个阶段都对创新起着至关重要的作用。如果没有准备阶段，我们的大脑中便没有素材。如果没有酝酿阶段，我们的思维会僵化，局限于不可用的解决方案中，因而永远也得不到真正梦寐以求的想法。即便我们已经拥有了一些想法，在它们转变成具体的实物之前，我们必须对其进行评估验证和精细化。“尤里卡神话”会把人们引入歧途，鼓励人们坐在树下或者一直洗澡来祈求灵感。酝酿带给我们的启示就是要努力钻研创新任务或难题，在大脑卡壳的时候进行任务切换，允许思维的短暂游离，这样做之后，我们可能就会发现，思维会带着新的解决方案满血复活。

第3章

种群神话

The Breed Myth

尽管我们可以接受，创造力并非来自缪斯的馈赠，也不是少数人的专利，但在我们眼中，富有创造力的人看起来依然好像有“特异功能”一样。我们总觉得，我们眼中的那些杰出的创造性人才仿佛仅属于某一特定的种群——与我们不一样的种群，就连他们的外表，都相当与众不同。正因为他们的外表和行为方式不同寻常，所以我们才不禁会猜想他们的内心也一定非比寻常。我把这种现象称为“种群神话”，认为创造性人才属于常人之外的另一个种群，或认为他们基因中的某些特殊片段使其创造力异于常人。我们毫不怀疑地认为，有些人生下来就具有创造力，而另外一些人则由于继承的基因不同，缺乏创造力。当我们观察那些在艺术设计领域拥有卓越天赋的人时，总感觉他们和按部就班的人不一样。如果我们坚信他们的确与众不同，或者拥有常人所不具备的东西，那么我们就为自己的平凡找到了一种貌似合理的解释。每当需要另辟蹊径想出新想法时，平凡的我们总是以此为借口放弃努力。我们常常推脱说自己没有创造力，然后推卸责任，拒绝创新思考。

很多公司甚至将员工明确划分为“适应型”和“创新型”两种类型。“适应型”员工任职于适用传统商业规则的岗位，比如会计、财务、运营和管理；而“创新型”人才则在其他部门从事市场营销、广告或者设计类的工作。后者存在感很强，十分引人注目，因为他们几乎从不穿正装。在很多公司中，两类员工所处的部门相互分离，有时甚至连采用的管理规定都不尽相同。

在美国，这种差异性已经体现在了公司的薪资流程上，如果纳税人的工作职位符合“创新型”的定义，那么现行美国税法允许公司免受联邦最低工资和加班薪资方面的相关规定。[1]美国劳工部的做法实际上就是在差别化对待传统型行业和创新型行业。传统型行业的工作要求是“才智、勤奋、精确”，而创新型行业要求的则是“创造、想象力、原创、天资”。如果连美国国税局都这样做，那么显然在社会中广泛存在一种根深蒂固的观念——人们对“适应型”和“创新型”两种工作厚此薄彼。

这种差别化对待不仅针对个人，还波及企业。通常，我们会把企业划分到各种各样的类别中，着重重视那些归属于“创新型行业”的企业。尽管这种划分更大程度上是为了从宏观角度分析某一地区或国家的经济情况，但它仍然证明了一个大家深信不疑的观点，那就是某些职业中充满了富有创造力的人才，而其他职业就是给那些缺乏创造力的人准备的。我们的固有观念认为，从设计公司和娱乐公司的产品中发现有创造力的部分不是什么难事，但对于类似沃尔玛这样的大公司，想要找出创新肯定难上加难。但真正的事实令我们大跌眼镜，沃尔玛在产品定价和供应链管理方面已经取得了突破性的创新成果。

这种差别化对待的现象也解释了“种群神话”经久不衰的原因。既然生活中我们对于“创新型”和“非创新型”的划分已经成为既定事实，那我们自然想找一种既简单又容易被接受的生物学解释来说明为什么有些人看起来极具创造力，有些人却没有。在这里，我来讲一件与爱因斯坦大脑有关的轶事，它很有力地反驳了这一点。爱因斯坦死后，人们将他的大脑从头部取出，然后保存起来（尽管他生前要求火葬）。[2]心理学家和内科医生对他的大脑进行了若干检查，满怀希望地想找出一些生物学解释，告诉人们为什么爱因斯坦具有如此卓越的创造力和天赋。然而，在所有对爱因斯坦展开的研究中，除了惊奇地发现他的大脑重量明显小于正常男性大脑的平均值之外，没有任何一项结果能表明他的大脑异于常人。当然，这显然不是他们希望得到的结果，所以他们的研究还在继续。

半个多世纪以前，大概 1950 年，吉尔福特博士（Dr. J. P. Guilford）向科研工作者发出一项挑战，他让科研工作者们证明创新从何而来，以及创新型人才是否真的只属于他们自己的种群。吉尔福特提出的问题启发了一代研究人员。那时吉尔福特刚刚当选为美国心理学协会（APA）主席，在年会上，按计划他将首次登台做主题演讲，这也是他的首个主席报告。[3]主席报告给协会主席提供了一次机会，来阐述在他心目中心理学领域亟须进一步研究的突出问题是什么。吉尔福特毕生从事心理学方面的研究，在职业生涯中，他曾为美国军方开发了一个大型心理测验项目。在年会当天，他站在聚集的人群面前，宣布美国心理学协会下一步应当将研究重点放在创造力上。

当时，针对创造性人才或创新过程方面的研究几乎为零，绝大多数人对创造性人才都持有没来由的刻板印象。通常来说，一提到创造性人才，人们脑海中浮现的便是留着长头发的“神经病”，他们远离城市的喧嚣，到荒野中孤零零的工作室或者小木屋中从事他们的工作。吉尔福特对这些刻板印象的真实性提出了质疑，他所倡导的研究，就是为了证明人们对创造性人才的大部分偏见都是无稽之谈，与现实并不相符。这项研究鼓励研究人员从心理学的角度解释创新过程。然而，尽管吉尔福特的演讲已经过去了几十年，我们却依然能在生活中感受到这种刻板印象所带来的影响。

如果真的存在一类专门的创新型人才，属于人类的一个特殊种群，就是为了创新而生，那么我们只要检查两个方面就应该能发现端倪：个性特征和遗传基因。在我们身边，有些人拥有一种特质，能够用创新的视角发现看似毫不相关的事物之间的联系，这种富有创造力的特质可能是由遗传基因决定的。为了解答人们心中的疑惑，众多研究创造力的研究人员、心理学家和遗传学家从事了一系列研究，试图验证这些假设。

在吉尔福特的重要演讲发表后没多久，一些针对创造性人才共同个性特征的研究就如雨后春笋般开展起来。在这些早期研究中，最著名的一项来自加州大学伯克利分校（UC Berkeley）的人格评估与研究学院（IPAR，Institute for Personality Assessment and Research）。[4] IPAR 首先请各领域的专家提名该领域内最具创造力的候选人，入围的候选人被邀请到伯克利共度周末，参与此项研究。那个周末的大部分时间，他们都在一起进餐，随意漫谈。IPAR 的研究人员让受邀候选人完成了多项实验，实验结果显示，他们中的很多人都具有相似的特征，比如智力超出常人，乐于接受新鲜事物，性格平和、偏好复杂问题等。尽管这些特征有助于将他们从人群中区分出来，但研究人员还是无法确定使创造性人才脱颖而出的到底是什么。IPAR 通过实验得出的特征列表虽然揭示出了创造性人才共有的一些特征，但这些特征不是一成不变的，而且这项研究缺少与普通人的对比结果。即便创造性人才真的都那么与众不同，我们也无法从这项研究结果中得知他们与众不同的原因究竟何在。看来，我们只能寄希望于未来的研究给出这些对比，让我们心服口服。

随着个性特征研究领域的不断发展，研究人员最终开发出了一套标准化衡量体系，可以便捷地比对两组人的个性特征。其中最常用的是个性特征的五因素模型测试，也称为“大五人格测试”(Big Five)。“大五人格测试”最早于 20 世纪 60 年代被提出，但直到 20 世纪 80 年代才被广泛采纳。“大五人格测试”从五个个性维度衡量一个人：经验开放性、尽责性、外向性、随和性和情绪稳定性。公司中普遍采用的是另外两种测试——DISC 个性测验[5]和麦尔斯—布瑞格斯人格模型测试，这两种测试都是把人的性格归为某种具体类型，而“大五人格测试”则另辟蹊径，它用五种个性维度的数值得分来勾勒一个人的个性特征。与其他测试相比，“大五人格测试”并没有将测试者简单地划分到某一固定类别中，因而可以更清晰地描述个体性格中的那些微妙差别。为了揭示创新型人才所独有的个性特征，研究人员最终采用“大五人格测试”来对比创造性杰出人才和普罗大众（看起来相对缺乏创造力的人）的个性特征之间存在的差异。如果在某些维度上，创造性人才的得分普遍偏高，那么我们就可以构建创造性人才的个性特征模板。然而，这方面的证据可谓五花八门，有正面的也有负面的。在五个个性维度中，经验开放性似乎与创造力关系最为紧密，但对于其他几个方面，几乎没有证据能表明它们与创造力之间存在明显的相关性。[6]这些研究结果表明，仅凭某一种个性特征不能决定创造力，因此也就不存在一种专门的创新型人格。

综上所述，个性特征对创造力的影响可以被排除在外，那么我们很自然地就想到能否用遗传学理论来验证“种群神话”。自基因被发现，以及遗传密码的研究开始开展以来，科学家们一直在探寻人类行为的遗传学解释。我们渴望把人类的行为归因于某些先天的生物学起源，而遗传学有望帮我们完成这一夙愿。我们特别喜欢一种说法，那就是一个人的创造力是天生的，与后天教育无关。因此，我们一直在寻找音乐基因、肥胖基因，当然，我们也在寻找创造力基因，这种生物学解释让人很难辩驳。然而，如果创造力真的由基因决定，那么，当我们发现自己生下来基因中就缺少创造力的部分，或者拥有丰富的创造力基因，我们是不是就可以毫不犹豫地选择适合自己的职业路线，而不用再纠结了呢？如果创造力在出生时就已经决定，那么想要提升创造力的公司只需要去寻找那些含着创造力金汤匙出生的人就万事大吉了。

如果你想研究遗传基因对创造力、音乐或其他才能的影响，那么必须选择家庭作为研究的起点。[7] 然而这很难，因为不是每个家庭都能反映出这种影响。在同一个普通家庭中，父母对孩子的管教方式相同，孩子们的基因来源也相同。他们生活在同一个家庭中，每个人都有半数基因与兄弟姐妹相同。在这种情况下，遗传基因和后天教育二者共同对创造力产生影响，难分彼此。因此，我们很难在这些普通家庭的样例中区分出哪些才能是天生的，哪些是通过后天教育获得的。当然办法还是有的，有一种特殊的家庭完美地解决了这一问题——双胞胎家庭。

从表面上来看，双胞胎家庭和普通家庭似乎没什么区别，生物学基因和家庭教育都对创造力产生影响，难以区分。然而，双胞胎有两种类型：一种是基因完全相同的同卵双胞胎，另一种是半数基因相同的异卵双胞胎。我们可以检测大量同卵和异卵双胞胎的样本，然后根据结果来判断到底哪些来自基因，哪些来自后天学习，由此我们可以对比出先天性和后天教育对创造力的影响孰轻孰重。如果同卵双胞胎两个人的创造力水平难分伯仲，而异卵双胞胎两人差距较大，那么说明创造力十有八九是先天的。如果两组的结果相差无几，那么很可能就是后天教育影响了创造力。为了完成这项研究，首先得找到大量双胞胎样本。

1973年，心理学家马文·雷兹尼科夫（Marvin Reznikoff）带领研究小组开展了这项实验。他们先找到了康涅狄格州双胞胎资料库，资料库里保存了自1897年以来在康涅狄格州出生的所有多胞胎的名单。他们以此为研究素材，开展了针对双胞胎创造力的综合研究。[8]雷兹尼科夫的团队从名单中挑出了117对双胞胎，按照性别和接合性（同卵双胞胎还是异卵双胞胎）对他们进行分类。研究人员让双胞胎参与者们完成11项测试，旨在衡量他们的创造力。每项测试的侧重点不同，涵盖创造力的各个方面，比如能否产生奇思妙想，是否善于另辟蹊径等。研究人员采用这种方法，可以准确地计算出双胞胎的创造力得分，然后便可对比同卵和异卵两个组的差别。当他们统计出结果时，发现两组得分相差无几。他们将研究结果发表在了一篇文章中，结论是“几乎没有有力证据能证明，存在创造力基因序列”。研究人员的确在双胞胎中发现了一些相似点，但相似率与随机选取的普通人几乎无异。这一证据表明，双胞胎与普通人的创造力水平接近的根本原因是他们后天的成长环境相同，而与基因无关。研究人员丝毫未发现创造力基因，可见天性并不能解释创造力的成因，后天教育才是我们踏破铁鞋要寻找的。

如果创造力不是某些人的专属能力，也不是基因博彩的结果，那么一些公司严格恪守的职位划分又是依据的什么呢？我们为什么一直在区分创新型岗位和非创新型岗位呢？如果每个部门、每个行业中的每个人都可以发挥创造力，那么公司的架构就应当反映出这种创造力的大融合，让每个人都能在岗位上贡献出自己的创造力。事实上，一些公司已经实现了此举，他们发现让每名员工的创造力得以发挥，的确能够提升公司的创新产出和盈利能力。

在戈尔联合公司（W. L. Gore & Associates）里，所有雇员的起点都一样，都是从合伙人开始的。[9]公司的员工没有明确的岗位任命，交代的工作完成得再出色，也无法晋升领导层，因为根本就没有领导层。与之相反，新员工会与一名“协助人”结对工作，“协助人”是资深合伙人，负责帮新员工翻译公司的专业术语，介绍新员工给更多的人认识，并在最初的几周时间内，指导新员工在不同的项目团队中轮岗。新员工在刚来的几个月里，每天的任务就是结识公司的人、了解公司的项目。这段时间是试选阶段，目的是在新员工的技能、意愿和项目组的需求三者之间找到最佳匹配。另外，公司有很多项目组可供新员工选择。

戈尔联合公司于1958年由威尔伯特·比尔·戈尔（Wilbert “Bill” L. Gore）创立，当时大家司空见惯的都是大型官僚机构，而与众不同的戈尔联合公司可谓是一股清流。当时，戈尔刚刚离开任职了17年的杜邦公司（DuPont），离职原因是他认为聚四氟乙烯（又称PTFE或特氟隆）的市场潜力被公司大大低估。在杜邦公司的时候，戈尔大部分时间都在研发团队中工作，研发团队规模小，运作模式类似初创公司。他希望自己的新公司也能给人以同样的感觉，他还希望所有雇员都能够投身于感兴趣的项目之中，甚至可以开发属于自己的项目。为了达成这个目标，他在戈尔联合公司中创建了一套独特的公司架构，与当时常见的大型企业的官僚体制有着天壤之别。

2010年，戈尔联合公司及其八千余名合伙人创造了高达30亿美元的营业额。他们多样化的产品集涵盖各个方面。公司最著名的产品Gore-Tex正是戈尔看好的由聚四氟乙烯制成，当年戈尔离开原公司之后便潜心钻研这项技术。他的儿子罗伯特（Robert）让这项技术更上一层楼，掌握了如何将这种材料进一步拉伸的方法，使之成为既经久耐用又具有渗透性的丝状聚合物，这项研究为后续数百个产品的成功研发奠定了坚实的基础，从靴子、手套到医疗产品再到美国国家航空航天局（NASA）的宇航员穿着的宇航服，都能见到这项技术的身影。戈尔甚至用聚四氟乙烯材料制造牙线，制成的牙线更加结实有韧性。2003年，戈尔将牙线相关技术卖给了宝洁公司，但戈尔联合公司保留了产品的生产和开发权利，现在这款牙线产品被称为Oral-B Glide，畅销全球。

戈尔联合公司产品的创新性毋庸置疑，但公司独一无二的架构才是其真正创新之处。公司有一个正式的CEO、四个主要部门——纤维、电子、医疗和工业。除此之外，公司没有采用传统的层级结构，而采用了一种称为“点阵”的组织结构，实现了管理架构的扁平化。“点阵”是一种水平结构，上面的每个点对应一名员工，点与点之间两两相连。这种连接方式有两点好处：一是每名员工都可以直接与其他任何个人进行沟通，省去了跨层级、跨部门沟通的麻烦，降低了沟通成本，提高了沟通效率；二是采用横向的岗位职责划分[10]，职责清晰，互不统属，相互合作。公司没有真正意义上的组织架构图和晋升路线，也不区分创新型岗位和非创新型岗位。公司的核心架构单元是一个个由合伙人组成的自主管理团队，合伙人对彼此负责，相互依赖，共同为团队做出贡献，甚至连每个人的薪酬也是他们共同商讨决定出来的。

没有层级分明的纵向管理层，也就没有正式的项目审批体系。为了解决这一问题，戈尔联合公司在开发新产品、新项目时，充分发挥点阵结构的优势。在公司中，一个新想法转化成项目的流程大致是这样的，一旦某人有了一个新的想法，他或她便率先开始研发工作，同时向其他人寻求所需的帮助。随着加入的人员越来越多，项目的发展蒸蒸日上；如果实在没有人愿意加入，那么项目将逐渐被淘汰。不论是博士科学家还是市场专家或运营经理，他们都是公司的合伙人，公司不会再用其他额外头衔来区分这些岗位，但有一个例外，合伙人可以成为公司的“领导者”，从而获得第二个头衔。一般成为领导者的，要么是项目经验丰富，过去参加过多个项目的研发工作；要么是能力强，经常被大家推举为项目负责人。这种平等的氛围随处可见，就连戈尔联合公司的 CEO（公司章程要求必须有 CEO）也是经由董事会和公司合伙人代表共同选出的。

虽然戈尔联合公司的产品覆盖面很广，但过去从未涉足吉他琴弦领域，直到戴夫·麦尔斯（Dave Myers）成为公司的一名“领导者”之后，情况发生了变化。麦尔斯是一名训练有素的工程师，他在位于亚利桑那州旗杆镇的心脏植入体项目组中工作。当时为了提升自己的自行车链条的性能，他尝试在链条上涂抹一种聚合物，这种聚合物正是制成大名鼎鼎的 Gore-Tex 纤维的材料。麦尔斯的原型产品大获成功（估计他用装有这种链条的山地自行车成功完成了一次骑行），他并没有止步于此，而是从山地自行车联想到了吉他。麦尔斯深知，随着时间的推移，人体皮肤上的油脂会在金属丝周围渐渐堆积，致使琴弦丧失音调完整性。因此他在公司中召集自愿参加的合伙人，组建了一个团队，齐心协力研究如何在吉他琴弦上涂抹 Gore-Tex 聚合物。经过三年断断续续的实验研究，他们团队制造出了一种能持久保持音调完整性的琴弦，业内其他琴弦无出其右。这种琴弦一经推出，便在市场上一炮打响。他们的产品——伊利斯琴弦（Elixir）的销量现在仍然远超美国其他同类产品。

尽管戈尔联合公司的四个部门之间存在一定壁垒，但人们在跨部门的项目中合作早已成为惯例。为了促进人员协作，公司有意将工厂人数控制在 200 人以内，保持小而精的规模，而且会在临近的工业园区中建造工厂。这样做的好处不仅使得工厂中的每名员工都知己知彼，还能助未来的项目领导者一臂之力，如果他们有需求，可以随时向园区中的其他工厂寻求帮助，正如麦尔斯召集其他合伙人共同完成吉他琴弦项目一样。通过这种方法，专业背景各异的人们就能够自然而然地融合在一个有创造性的新项目中，共同发光发热。

人们很难想象传统公司会允许一名研究医疗设备的工程师一心二用，同时进行着山地自行车链条和吉他琴弦的相关研究。但戈尔联合公司不是一般的传统公司，它独一无二的架构意味着公司员工无需为传统意义上的职位标签而顾虑重重，也无需为一个感兴趣的项目不属于他所在的部门而心灰意冷。公司绝不会先入为主地认为谁有创造力谁没有创造力，相反，如果合伙人对某个项目十分感兴趣并愿意为其做贡献，哪怕是吉他琴弦这种全新的项目，合伙人也可以毫无顾虑地全身心投入其中。因为公司里没有哪一个部门是专门负责产生创意的，公司秉承着“不论白猫黑猫，抓到耗子就是好猫”的思想，不刻意区分产品发展类创意和市场营销类创意，整个公司就如同一个极具创造力的市场。人们可以在感兴趣的项目中发挥余力，对于某些发展势头良好的新项目，人们甚至需要“竞争上岗”。正是这片孕育创新的沃土使得公司的发展蒸蒸日上，拥有从宇航服纤维材料到吉他琴弦等1000余种不同领域的产品。

戈尔联合公司的产品创新和组织架构独一无二。但正所谓成也萧何败也萧何，它的独特之处恰恰也是其弱点所在。公司从创立伊始就坚持采用点阵式的组织架构，一直以开发创新产品为使命。戈尔联合公司之所以能做到不简单粗暴地区分创新型岗位和非创新型岗位，可能因为这是它的传统，因为它从创立之初就一直如此。那么对于一般的传统公司而言，他们与戈尔联合公司的起点不同，他们能实现一视同仁对待所有岗位的目标吗？事实证明这种担心是多余的，戈尔联合公司能做到的，传统公司一样可以做到。

1980年，里卡多·赛姆勒（Ricardo Semler）从父亲安东尼奥·科特·赛姆勒（Antonio Curt Semler）手中接管了制造企业赛姆可公司（Semco）。[11] 该公司于1950年创立，创始人安东尼奥当时刚从奥地利维也纳移民到巴西圣保罗定居。随着时间的推移，安东尼奥将赛姆可公司从公寓中一人运营的小公司创建成为年收入400万美元、拥有1000多名员工的大型企业。在这一过程中，安东尼奥一直严格遵循传统的企业管理规则。随着年龄的增长，安东尼奥在公司内建立健全了层级管理架构，由管理层制定一系列政策和章程，并仔细制定每种可能情况下员工应遵守的规范。尽管这一方法在公司发展初期奏效，但随着公司的发展壮大，问题逐渐增多，这种传统的管理方法愈发显得束手无策，渐渐地，公司发展速度放缓，最差时甚至还不如里卡多刚接管时期的水平。

里卡多刚接管赛姆可公司时，公司濒临破产的边缘。公司长久以来一直采用的传统层级体系显得力不从心，里卡多需要大刀阔斧的改革，他迫切地需要创新，需要发挥从工厂工人到高级经理上上下下各个层级的创造力。他决定重组公司架构，期待着公司的每个层级都能迸发出创新想法。里卡多深知不是每一个人都支持他的改革计划，所以在上任的第一天，他就辞退了六成的高层管理人员。起初，他尝试将公司重组为矩阵型架构，将每名员工分配到不同的项目组，或者按需分配到不同的部门。然而，这并没有给公司带来脱胎换骨的变化，于是里卡多完全抛弃了任命分配的理念，他创建了一个“流式”架构，团队完全可以围绕着想法和项目进行组织和重组，每个人都有权根据意愿自主地选择加入或退出项目，中间不再有管理层的任命和分配。虽然这看起来像一种无结构的混乱状态，但在赛姆可，公司的组织架构由每个人的行为决定。“那并不是无结构的状态”，里卡多说，“只是缺少自上而下的结构而已”。管理层不应区别对待创造型人才和适应型人才，而应当是每个人都有选择的权利，每个人都可以根据自己的才能来决定“我想去哪”。

在里卡多一手创建的公司架构中，由于每名员工都有自主选择权，可以决定怎样将自己的创造力最大限度地发挥出来，恰好有力地促进了员工发挥创造力。最终，里卡多决定彻底放权，让员工在大大小小的公司事务上都享有决定权。2003 年，赛姆可公司组织了一场“纪念 CEO 放权 10 周年”的大型庆典。公司不再依赖自上而下的决策，而是推行创新民主化，取得了显著的成效。同年，赛姆可公司年收入达到 21200 万美元，公司从曾经濒临破产到拥有现在的成就，着实经历了翻天覆地的变化。

戈尔联合公司和赛姆可公司这两个例子都向我们阐述了一个道理，那就是在公司中，只有充分发挥全体成员的创新能力，才能使创新持续地蓬勃发展。在这类公司中，每个人都能提出有创造力的新想法，然后自己领导一个团队为之努力，因此肯定不存在“种群神话”。赛姆可公司的组织架构不简单地区分创新型和非创新型岗位，每个人的职位和工作是由项目和产品决定的，而与遗传基因和强加给自己的错误意识无关。戈尔联合公司对于区分创新型人才和适应型人才的想法不屑一顾，他们抛弃了自上而下的层级体系，让员工有充分的自主选择权，去想去的地方工作，用想用的方法做事，尽管很多方法可能会被美国劳工部归入“非创新”类别，但孰对孰错还真不一定。

人们很容易对“种群神话”深信不疑，也很容易想当然地认为有些人生来就具有创造力，而其他人却没有这个好运。现阶段我们对遗传基因的理解使我们渴望用基因编码来解释创造力，以此来轻描淡写地低估别人的创造潜能，甚至就连与劳工和人力资源紧密相关的官僚制度都依赖“种群神话”，区分创新型岗位和非创新型岗位的高低贵贱。但已知证据却支持不同的结论，创造力并不局限于某种特定的人格类型，也不由我们的基因编码决定。当传统公司将他们眼中具有创造力的人与其他人区别对待时，他们就是在给自己的成功之路添乱。像戈尔联合公司和赛姆可这种聪明的公司，早已抛弃了所有错误的岗位划分，主动调整架构使得创造力在整个公司中蓬勃发展。现如今在创新驱动的经济大潮中，每一个想保持竞争力的公司都必须发挥出每名员工的创造力。我们迫切地渴望创新想法，但这些想法的来源应当是所有人，而非某一个特定、假想的群体。

第4章

独创性神话

The Originality Myth

我们想当然地认为，创新的想法从种子萌芽成长为参天大树的过程是提出者一个人的努力成果。我们在讲述那些发明创造的故事时，会不自觉地认定创造者是一个人全权负责所有的事情，丝毫没有借助外人的力量。我们非常愿意相信创新的想法跟大脑、指纹或者遗传密码一样，在这个世界上都是独一无二的存在，于是，我们自然而然地把创新或发明创造归于某一个人或者某一家公司的名下。因为我们想让外界认可自己的想法是独树一帜、完全首创的，所以我们由此及彼地认为别人的想法也是这样的。这就是“独创性神话”，错误地认为任何发明创造只属于唯一的主人，而且创造者提出的想法也必定是独一无二的。“独创性神话”给了我们一种错觉，如果我是想法的提出者，那么我就是头号功臣，所有的鲜花和掌声都应该归我，这个想法也是我个人的私有财产。然而，一些历史研究指明，新想法的产生远没那么简单。想法的产生其实是一个极其复杂的过程，常常需要很多人为之奋斗，不是仅凭一人之力就可以完成的。但我们还是固执地想找到那些“唯一”的天才，有时甚至不惜修改历史，人为地将其他人创除到历史之外，直到只剩下一名创造者，我们才觉得合情合理。有关独创者和新发明的故事数不胜数，其中一个就是贝尔和电话的故事。

1874 年，亚历山大·格雷厄姆·贝尔（Alexander Graham Bell）的职业是波士顿的一名语言治疗师，与此同时，他还在尝试创造一种被他称为“谐波电报”的东西。[1] 一天晚上，刚从日常工作生活中解脱出来的贝尔，打算散步休息一下。在散步时，他一不留神走到了一个俯瞰格兰德河的悬崖边上，这里位于安大略省布拉德福镇，距离他的父母家很近。贝尔偶然间在悬崖上发现，在一棵大树倒下的地方正好形成了一个天然的隐蔽处，他非常高兴，因为在这里他有足够的时间和自由去放飞思想。功夫不负有心人，最终贝尔想到了问题的解决方法——使用电流代替声波来传输声音，也就是电话机的工作原理。一回到波士顿，他就全身心投入到能将声波转换成电流的设备原型的开发工作中。贝尔把自己的阁楼变成个人实验室，并雇用托马斯·沃森（Thomas Watson）作为科研助手。为了进行通话实验，贝尔站在设备的发送端，沃森站在接收端，最后电话机的原型机终于开发完成。1876 年 2 月 14 日，贝尔向位于华盛顿特区的美国专利局提交了专利申请。这就是我们听说的贝尔发明电话机的故事，但这个故事并不完整，电话机实际上发明了两次。

无独有偶，就在同一天，另一份申请也被提交到了同一专利局。发明者名叫以利沙·格雷（Elisha Gray），他为自己发明的一台非常相似的设备提交了专利申请书。格雷在电报技术方面有着卓越的工作成就，他曾发明出可以自动调节的继电器开关和电报打印机，这两项发明大大推动了电报业的发展。巧合的是，他和贝尔几乎在同一时间开始尝试用电流传输声音，更巧的是，他们两个人在同一天将专利申请提交给了同一个专利局。

专利局将两份专利都进行了登记。在那之后，贝尔开始着手制造电话机，并创立了后来成为 AT&T 的公司。格雷则与托马斯·爱迪生（Thomas Edison）展开合作，为西联公司（Western Union）制造电话机。格雷与爱迪生共事了很多年，直到有一天，格雷接到贝尔的法院传票。很多人都认为格雷制造出的电话机更好，但他放弃了自己的主张并了结了这场官司。这就是为什么几乎很少有人听说过格雷的名字，虽然他也制造出了伟大的电话机。在那场官司之后，贝尔就坐稳了电话机发明者的地位。此后，人们在书中重述这个发明故事时，格雷的名字就被挪到了脚注中，再后来，格雷的名字被彻底删除了。

我们倾向于相信，那些看起来独一无二的发明创造完全是某一位创造者的杰作，所以当我们自己想到一个创新的点子时，我们自然也一心期待全世界都能承认我们是天才。我们认为在那些伟大想法的背后，都是一个个独立的天才，由此及彼，为了不让别人窃取我们的伟大想法，我们只好把它们藏起来，不让别人知道。正因为有这样的顾虑，作家会保留小说的故事创意的版权，发明家会为自己的每一个小想法申请专利，公司部门之间会互相隐瞒商业信息。然而，我们忽略了一个事实，很多时候正是其他人的想法激发出了我们自身的创造力。这一事实不仅适用于科技创新领域，在文学等领域也同样成立。

在海伦·凯勒早期的创作过程中，她曾被指控剽窃。她 11 岁时所写的故事《冰霜之王》（*The Frost King*）与玛格丽特·坎比（Margaret Canby）之前出版的故事，无论是在思想还是情节上都非常相似。人们争论的焦点就在于凯勒在创作之前是否读过坎比的故事。几年之后，她收到了一封马克·吐温的来信，信中指出了他对于剽窃指控的看法，“我的天啊，这场‘剽窃’闹剧实在是太可笑、太愚蠢、太荒谬了！我们平时的口头或书面言论，哪个不是通过剽窃而来的？……基本上所有的想法都是二手的，每个人都是受到了外界千千万万因素的影响后，有意无意地产生各种想法，产生想法的人却居功自傲，认为是自己创造出了这些想法，将其据为己有。”[2]

虽然马克·吐温既不是科学家也不是发明家，但事实证明，他的观点——一个人的创新想法是在他人影响下产生的，是完全正确的。有些时候，一项发明创造的原创者可能不止一人，巧合的是，这些人虽然同时在开展自己的工作，但并无交集，而且最后获得了相同的发现。历史上，一些相似的发现或发明几乎在同一时间出现的情况并不稀奇。第一份有关这类“成批出现的发明创造”的完整列表，是由哥伦比亚大学的两位社会学家威廉·奥格本（William Ogburn）和多萝西·托马斯（Dorothy Thomas）于 1922 年首次公布的。奥格本和托马斯公布的这份列表囊括了 148 项科学界的重大突破，这些突破都是在同一时间段内由不同的人分别完成的。牛顿和莱布尼兹（Leibniz）都发明了微积分；发明出望远镜的人竟有 6 个，我们知道的伽利略竟是最后一个。

奥格本和托马斯因此总结，如果有这么多相同的发明或发现是由不同的人完成的，那么这种成批出现的情况一定是不可避免的。他们给出了一个简要的总结，认为这些发明创造的点子是发明家的才智和当时的社会需求二者共同作用的产物。他们写道，“假设具备了必要的构成要素（发明家的才智），再加之社会的需求，那么很可能会孕育出新的发明创造。”[3] 奥格本和托马斯的发现证明了那句古老的格言——需求是发明之母。但后续的研究进一步表明，创造力和创新的来源不只是人的才智和社会的需求，而是一个更为复杂的条件集合。

自 20 世纪 80 年代以来，经济学家布莱恩 · 阿瑟（W. Brian Arthur）一直从事于技术演化方面的研究，特别关注技术演化对经济建设的影响。阿瑟建立起的一套完整的技术发展理论，与 1922 年奥格本和托马斯二人提出的理论十分类似。[4] 不过，阿瑟给出了更为复杂、系统化的解释。他注意到，技术发展的规律和达尔文的进化论之间存在明显的相似性。除此之外，他也注意到了其中的一个关键性差别，达尔文提出的物种进化过程包括随机突变和自然选择，但阿瑟坚持认为新技术绝不是随机产生的。新技术有别于从父母身上继承基因，是通过继承更早期的技术而实现的。新技术来源于已有技术的组合，而这种组合并不是随机的，更准确地说，它是发明家的有意为之。阿瑟将这种现象称为“组合进化”（combinatorial evolution）。他还观察到了“组合进化”的指数效应，即当新技术被创造出来之后，便为接下来形成的新组合提供了更多的可能性，也因此加速了技术创新的进程。

那么对于发明创造成批出现的现象，阿瑟提出的“组合进化”理论又作何解释？作家史蒂夫·约翰逊（Steven Johnson）多年来一直在记录人类重要的发现和著名的发明创造，他相信自己已经找到了答案。约翰逊断定，在一个给定时刻，人类可以发现的新技术总量是有限的。尽管这个数量值可能相当庞大，而且在我们所处的时代保持持续增长，但它仍然是一个有限值。当每项新技术（已有技术的组合，既新颖又实用）产生后，潜在技术组合的总数会增加，与此同时，难题和需求（奥格本和托马斯理论中提到的发明的先导条件之一）的潜在解决方案的总数也随之增加，于是便为新组合的出现创造了有利条件。为了更好地形容这种现象，与阿瑟借用了达尔文生物进化论一样，约翰逊借用了另一名生物学家斯图亚特·考夫曼（Stuart Kauffman）提出的一个概念。考夫曼解释了一个问题——化学结构是怎样从简单的结构自发形成更为复杂的结构的。考夫曼认为，参与自发形成的结构体，实际上不是完全随机的，不是所有的结构都能进行自发组合，只有那些本身由其他简单结构组合而成的结构，才可能参与进一步的自发组合。考夫曼把这些能进行组合的结构称为“临近可能解”（adjacent possible）。约翰逊把考夫曼的这个概念全盘应用到自己的想法当中，他认为“临近可能解”不仅代表了所有数量庞大的技术组合和潜在的新发明，还代表了在任意时刻那些组合所能构成的全集，“临近可能解”决定了新发现产生的必然性。

约翰逊的观点帮助人们解释了发明创造成批出现的这种现象。以电报这项发明为例，编码信息以电脉冲的形式被发送出去，由接收者接收电脉冲，然后解码信息得到报文。在电报发明以前，将人类的语音或其他声音通过电线传输简直就是天方夜谭。贝尔和格雷两人用电报技术进行实验，并解决了声音传输问题，这项技术为可能的新技术组合打开了一扇门。贝尔和格雷在同一时间用同样的原材料进行实验，因此可以说，他们在无意中发现相同的成功组合（电报）绝非偶然。另外，著名的蒸汽机改造者罗伯特·富尔顿（Robert Fulton）其实根本没有发明蒸汽机，当时蒸汽机在采矿行业已经有了 75 年的应用历史，富尔顿所做的事是将蒸汽机的能源转化为推动力，然后将其安装在一艘轮船上。[5]1450 年，约翰内斯 · 古腾堡（Johannes Gutenberg）发明印刷机时，借鉴了“活字印刷”技术，而这项技术最早出现在古老的酒榨机中。

通过上文的介绍，我们已经知道在一段给定的时间内，如果发明家使用相同的原材料进行研究，那么他们很可能会得到相似的发明成果。尽管事实如此，但人们仍执迷不悟，认为想法的拥有者一定只能是一个人。专利法进一步强化了人们这种观念，把专利所有权授予第一位提交者，就像历史上的贝尔和格雷那样，哪怕两个专利申请的提交时间只相差几个小时。不过，贝尔和格雷的例子不是唯一一个因相似发明而对簿公堂的案例。在 T 型车（model T）被研发出后不久，亨利·福特（Henry Ford）就因其汽车装配线侵犯现有专利而受审，福特在出庭作证时直言不讳，他对“独创性神话”不以为然，他用马克·吐温回应海伦·凯勒的话为自己辩护。福特坦言，“我的确没有发明出什么新东西，我只是把其他人数百年的研究成果组装进了一辆汽车……如果我是在 50 年或者 10 年甚至 5 年之前进行这项研究，那我一定会失败，因为 T 型车的成功研发其实离不开每一项新发现。只有当所有有利因素都具备时，才可能会而且一定会取得进展。所以说，只有少数人担负着全人类向前进步的重大责任——这句话真的是荒谬至极。”[6]

新想法是已有素材之组合的这种理念不仅适用于发明创造领域，与海伦·凯勒的例子一样，我们可以在形式多种多样的创新中发现这一理念的影子。在文学领域，莎士比亚的作品《亨利六世》（*Henry VI*）受到了同时期的克里斯托弗·马洛（Christopher Marlowe）所著的《帖木儿大帝》（*Tamburlaine the Great*）的很大影响。[7] 而在马洛的作品《帖木儿大帝》中的一些情节也是参考了当时一些著名的历史书籍，并融入了马洛在波斯和土耳其听到的故事。在艺术领域，凡·高曾临摹过一些当时很有影响力的艺术家的画作，包括埃米尔·贝尔纳（Emile Bernard）、尤金·德拉克罗瓦（Eugene Delacroix）和让·弗朗索瓦·米勒（Jean-François Millet），[8] 凡·高的所有作品中，一共有三十多幅画作可以追溯到原画。在电影领域，乔治·卢卡斯（George

Lucas）的《星球大战》结合了意大利西部片、黑泽明武士电影和《闪电侠》哥顿系列三者的元素，情节借鉴了约瑟夫 · 坎贝尔（Joseph Campbell）的作品《千面英雄》。[9] 在广告领域，来自威登肯尼迪公司（Wieden+Kennedy）的丹 · 维登（Dan Wieden）就是在听到对杀人犯加里 · 吉尔摩（Gary Gilmore）的处决过程后，才创作出了著名的耐克广告语“Just Do It”。[10] 据说当时吉尔摩的临终遗言是“Let’s do this”。就连著名动画师的创造性杰作迪斯尼乐园，也可以追溯到哥本哈根蒂沃利公园，沃尔特·迪斯尼（Walt Disney）曾在蒂沃利公园旅行，那里的特色是驯骑和以家为本的环境。[11] 新的发明创造是已有想法的组合这一理论本身就不是什么原创。一百多年以前，心理学家亚历山大 · 贝恩（Alexander Bain）就主张“新的组合产生于大脑中已有的元素”。[12] 数十年后，另一名心理学家沙诺夫 · 梅德尼克（Sarnoff Mednick）提出了概念相似但更加深入的“联想思考”理论。对于梅德尼克而言，创新思考不是什么高大上的东西，仅仅是将相关元素组成新组合的过程，但要满足以下条件：新组合要么能满足人们的具体需求，要么能在生活中的某些方面有用处。[13] 所有的创造性见解都源于大脑对已有想法的关联。因此，你能产生的关联越多，就越具有创造性。梅德尼克写道，“在一个问题上，一个人能从给定的必要元素中产生的关联数越多，那么他得到创新方案的可能性就越大”。据此，梅德尼克开创了远距离联想测验（RAT，remote associates test），旨在衡量一个人的创造力。远距离联想测验的原理是给每个参与者提供一系列看起来毫不相关的词语，然后让他们进行联想，目标是找到一个词，使其与每个给定词语都组成一个有意义的复合词。比如给你三个词语"arm""coal"和"peach"，那么你需要想出的词可以是"pit"（分别可以和原给定词语组成"armpit""coalpit"和"peachpit""）。梅德尼克进一步推论，越容易联想到不同想法的人，解答 RAT 问题的速度越快，也就越有潜力成为富有创造力的人。

梅德尼克提出的理论试图描述当创新想法出现时，大脑中究竟发生了什么。事实上，最近的一些研究正在探究人脑的物理结构，而研究成果也有力地支持了梅德尼克的理论。一个由日本东北大学发展认知神经科学教授竹内光（Hikaru Takeuchi）[14]带领的研究团队用先进的技术窥探了创造性人才的大脑内部。简单来说，大脑由两种组织组成，通常被称为灰质和白质。灰质是大多数人所知道的大脑的样子，它是一种海绵状有褶皱的物质，承载着我们掌握的所有知识，包括小学背诵的课文以及各种宝贵的记忆。当我们思考的时候，灰质会为我们提供思考的内容。相较之下，白质是一种结缔组织，可以像电话线、电报线一样在大脑中传输电信号，白质是连接不同知识和记忆的导线。如果灰质是我们思考的内容，那么白质就是我们思考的方式。当我们说"忘记"某件事时，其实那部分内容在灰质中仍然存在，只是白质无法将其连接，导致我们无法回忆起那些信息。同理，当我们说"记得"某件事时，一般来说就是白质找到了正确的连接。

竹内光和他的同事想要探究，在创造性人才的大脑中，灰质和白质的组成是否确实与众不同。研究人员让一组参与者完成了一系列测验，目的是衡量他们的发散性思维能力，这是一种评价创造力的常用方法。他们让参与者进到核磁共振仪（MRI）中，然后使用弥散张量成像技术[15]（diffusion tensor imaging）构建大脑图谱，以此来对比不同的人大脑中灰质和白质的差别。随后，研究人员整理所有参与者的大脑成像，然后按照参与者在创造力测验中得分的高低将大脑成像分为两组——高分组和低分组，在仔细对比了两组成像结果之后，他们发现两类人的大脑的物理结构确实存在差异。富有创造力的人的大脑中白质的数量显著多于缺乏创造力的对照组。也就是说，前者的大脑能更好地将想法和包含信息的区域关联起来，换言之，前者更有可能产生一个新的连接组合。然而，仅仅根据此项研究结果，竹内光和他的研究团队还无法判断，这一类人更具创造力的原因究竟是他们的白质数量原本就多，还是他们经过了一些后天的创造力的锻炼，从而使得白质数量增多。竹内光和研究团队继续进行了后续研究，结果表明，训练的确可以增加大脑中白质的连接数。[16]这些研究结果对于我们理解创造力有着十分重要的意义。梅德尼克的理论——创造力思维就是将已有想法进行连接并形成新的组合，在发表了近 50 年之后，得到了大脑成像技术的证明。比起普通人，创造性人才的大脑确实能更好地连接各种想法，而且，我们还得知了一个更令人振奋的事实，那就是可以通过后天锻炼来增加大脑中白质的数量，进而使我们的创造力得到大幅提升。

发明家、营销人员和艺术家在创作新作品的时候，都会将已有想法作为原材料。他们的大脑会经常保持连接和重连接的状态，寻找有价值的想法连接组合。如果很多人想到完全一样的想法，我们通常会把新想法的所有权归属为第一个人，有时也会给名气最大的那个人。我们在这样做的时候，忽略了一个事实——大家掌握的素材相同，起点也相同，得到相同的结果也不足为奇。正如牛顿所言："如果我比别人看得远，那是因为我站在巨人的肩膀上。"其实牛顿的这句话本身就是站在另一位巨人的肩膀上说的，这句话的原话出自法国北部城市沙特尔的一位叫贝尔纳（Bernard）的人之口。贝尔纳曾说过，"我们要做站在巨人肩膀上的矮人，这样就能比巨人看到的更多"。[17]站在巨人肩膀上的并非只有牛顿和贝尔纳两个人。个人计算机和简便易用的操作系统是20世纪最重要的创新之一，它们的出现正是得益于旧想法持续不断地组合成新想法，并转化为优秀的新发明这一过程。1985年，Windows操作系统作为一项革命性的创新被重磅推出。用户无需用标准键盘输入脚本化的终端命令，计算机屏幕已经变成一个虚拟的桌面，用户可以在桌面上随意安排不同的程序（视窗），并同时使用多个程序进行工作。用户可以移动视窗位置、调整视窗大小，所有这些操作全都通过移动一个小小的光标即可完成，光标由连接计算机的鼠标来控制。微软公司用这项创新改变了世界上绝大多数人与计算机交互的方式。但在苹果公司（Apple）忠实用户的口中，还流传着另一个版本的故事。

苹果公司的忠实用户被外界称为“果粉”，在他们口中，比尔·盖茨（Bill Gates）和微软公司发布的 Windows 操作系统中最有特色的部分——图形用户界面（GUI）并不是原创，而是抄袭了苹果公司的麦金托什（Macintosh）产品。他们的说法与历史时间线相符。苹果公司于 1984 年发布了麦金托什系统，它的特点是可以连接鼠标，而且可以同时打开多个不同的程序窗口，并支持移动窗口位置和调整窗口大小等操作。尽管微软公司在 1983 年就宣布会发布 Windows 产品，但其实直到 1985 年才真正发布 Windows 操作系统的 1.0 版本。当麦金托什处于研发阶段时，苹果公司允许包括比尔·盖茨在内的一些微软公司的员工参观了麦金托什项目，微软公司还与苹果公司签约，为麦金托什开发软件。在 Windows 操作系统问世后不久，苹果公司的创始人史蒂夫·乔布斯（Steve Jobs）坚称微软公司抄袭了麦金托什产品的创意，乔布斯认为这完全是无耻的抄袭，他质问比尔·盖茨，而且据说他是向比尔·盖茨大喊道：“你在剽窃，我那么相信你，而你却抄袭我们的产品”。[18] 相比乔布斯的愤怒，比尔·盖茨的回应则要冷静得多，他回应道：“乔布斯，我觉得我们应该换一个方式来看待这个问题，就好像我们俩都挨着一个富有的邻居……我闯进他家去偷电视机的时候，发现已经被你偷走了。”比尔·盖茨的话是什么意思？原来，GUI 的原型系统最初是由另一家公司研发出的，它就是施乐公司（Xerox）。

1970 年，施乐公司启动了一个雄心勃勃的项目，它专门成立了一个团队，囊括了世界上最顶尖的计算机工程师和程序员，让这些人在专门的研究基地——帕洛阿尔托研究中心（PARC）进行研发。在研究中心，工程师们享有非常可观的预算，而且几乎不受任何监督，公司没有其他目的，一心只为创新。1973 年，研究中心成功研发出一台举世瞩目的机器——奥托（Alto），奥托是世界上第一台个人计算机，它有两大主要特点：一是有视窗，二是有一个由鼠标控制的光标。这一设备的成功研发是计算机领域的巨大飞跃，但奥托的成本十分昂贵，每台计算机的成本高达 4 万美元。

1979 年，施乐公司与刚刚崭露头角的苹果公司创始人乔布斯签订了一份协议，施乐公司有权用 100 万美元的低价购买苹果公司的 10 万股股票（1 年后，备受期待的苹果公司就公开发行股票），但有一个前提——乔布斯可以获准参观帕洛阿尔托研究中心。乔布斯参观了几次，就在其中的一次，他偶然间看到了奥托，研究人员为乔布斯演示了窗口如何打开、关闭，鼠标如何选择对象、调整对象。乔布斯欣喜若狂，他立即返回苹果公司召集开发团队，让他们研发出类似的操作系统。1981 年，苹果公司聘请了 15 名前施乐公司的开发人员，让他们将过去的知识和经验应用到苹果公司的 GUI 项目中。1984 年，苹果公司终于发布了让乔布斯一直引以为傲的 Mac 产品。现在关于 Mac 产品的哪些概念是抄袭而来、从何处而来等问题，坊间仍有各种各样的推测。在乔布斯参观施乐公司的同一时间，苹果公司的 Lisa 计算机也正处于研发阶段，而且苹果公司决定将 GUI 项目的很多设计想法纳入这一产品中。不管怎样，Mac 操作系统看起来的确非常像奥托的升级版。

所以这样看来，或许比尔 · 盖茨是正确的，比尔 · 盖茨和乔布斯可能都受到了奥托的影响。然而，有关 GUI 的历史远不止这些。即使是在奥托、Mac 和 Windows 三个优秀的操作系统均使用的 GUI 中，也有很多创意的想法早在数十年前就曾被提出过。1945 年，美国军方工程师万尼瓦尔 · 布什（Vannevar Bush）设想出了 GUI 的初级版本。20 世纪 50 年代，发明家、计算机领域先驱——道格拉斯 · 恩格巴特（Douglas Englebart）和一个工程师团队在国防部高级研究计划局（ARPA）对布什提出的想法展开试验。恩格巴特到研究计划局工作之前，曾在斯坦福大学的项目组中参与鼠标的研发。[19] 20 世纪 70 年代初期，恩格巴特和团队的运行资金不幸被撤回，后来他们找到了位于帕洛阿尔托研究中心的施乐公司。除此之外，奥托也不是第一个使用接口来操作图形化对象的操作系统，第一个原型版本应该是 Sketchpad 系统，是麻省理工学院（MIT）的伊凡 · 苏泽兰（Ivan Sutherland）于 1963 年完成的博士论文研究。当时，Sketchpad

系统就已经拥有了后来被称为“图标”的东西，人们可以选取图标，并在屏幕上拖动它。“图标”这一单词最早来源于计算机科学专业的研究生大卫·康费德（David Canfield）的博士论文，他研发的系统名为 Pygmalion，在 Pygmalion 中，大卫创造出了这种可供用户在屏幕上操作的对象。

奥托、麦金托什和 Windows 三个操作系统使用的 GUI 无法追溯至同一个源头，因为它们的起源本就不同。正如阿瑟描述的那样，GUI 的设计过程是对已有想法进行组合和修改的过程，而已有想法又是基于对更先前想法的组合和修改，以此类推。与贝尔、格雷发明电话机的例子一样，在同一时间研发 GUI 的公司不止一家。麦金托什操作系统的若干部分在乔布斯参观帕洛阿尔托研究中心之前就已经被研发出来，乔布斯的参观只是进一步完善了这些正在实现的想法。此外，在 Windows 和麦金托什操作系统的例子中，两个团队都依据自己的想法对奥托进行了一些改进。一个最明显的例子，奥托的鼠标有三个按键，Windows 的鼠标有两个，苹果的鼠标只有一个。

乔布斯在接受《连线》（Wired）杂志采访时，甚至主动承认他的创新之源是那些已有的想法。他坦言，“创造力只是关联各种事物的能力，当你向那些创新人士询问他们是怎样成功的时，他们会感觉有点惭愧，因为他们真的没做什么特别的，只是比别人多看见了一些东西，在他们眼里这些东西是显而易见的，因为他们能够联系自身经历，合成出新的想法。他们具备这种能力的原因就在于，与其他人相比，他们看得更多，想得也更多。”[20] 十分具有讽刺意味的是，当同样的事发生在乔布斯身上时，他却搬出了“独创性神话”捍卫自己。2010 年，在回应安卓（Android）手机操作系统的观感与 iPhone 的 iOS 操作系统很相似时，乔布斯威胁说“我要摧毁安卓操作系统，因为它是一个剽窃来的产品，即使发动核战争也在所不惜。”[21] 虽然乔布斯承认自己想出的伟大想法是建立在已有想法的组合之上，但当别人用他的想法作为素材时，他却自相矛盾地急于攻击那些建立在苹果公司创意之上的产品。

上述有关 GUI 的故事完美地诠释了创新源于已有想法的组合这一真理。令人感到惊讶的是，现如今，将“独创性神话”奉为圭臬的科技公司多如牛毛，这些公司在进行公司运营、构建组织架构时都紧紧遵守“独创性神话”。据我们所知，如果每个员工都能从已有想法中得到新的想法，那么创新便自然而然地在公司中蓬勃发展起来，但反观现在的大多数公司，公司构建的架构都是为了设立屏障、保护机密，以阻止外面的人采用他们的想法，甚至不惜搬出各种各样的策略，比如专利、商业机密、数字版权管理和知识产权保护法。所有这些做法都基于一个错误的假设，那就是认定想法只是某一个人的资产，然而，这种假设需要付出巨大的潜在代价，因为一旦想法的组合难度越来越大，那么能得到的组合数就越来越少。如果我们总是寄希望于那个唯一的原创者，那么创新将会愈发艰难，创新成果也将日益减少。

我们很难找全所有创新或创造性工作的源头，因为它们的来源实在太广泛了，这就是“独创性神话”背后蕴含的真理。如果新想法、创造性工作和创新技术是建立在已有材料的组合之上，那我们不得不承认，在同一时间段内，相同的发明创造会成批出现这一现象在理论上是完全有可能的，事实也的确如此。接触来源广泛的想法能够对创造者起到一定的辅助作用，正如史蒂夫·约翰逊断言的那样，每个人都处于自己的“临近可能解”中，他们在奋发图强、锐意创新时，只能借鉴他们手边能接触到的想法和原材料。他们越善于对外界环境打开心扉，“临近可能解”的范围就越宽广，率先碰到创新终点线的可能性也就越大。同时，大脑白质的开发程度越高，灰质间建立的连接数越多，得到创造性顿悟的潜力也会越大。

说了这么多，其实对于公司而言，只要记住一条简单的原则，那就是员工和团队在想法的连接组合方面自由程度越大，那么产生一个创新组合的可能性也就越大，这些想法可能来自公司内部，也可能来自公司外部。不论是个人还是公司，只有愿意分享想法，才会得到蓬勃的发展，封闭自己、完全不分享则会减少“临近可能解”的数量。很多人坚持对外保密，把他们的创新想法保留到真正实现时才对外公布，因为他们不想让别人剽窃自己的想法。然而，如果每个新想法都是有限的可能组合池中的一个，那么也许已经有人想到了你正在研究的新想法。事实上，把想法隐藏起来不告诉别人，很可能会妨碍它的最终实现。在公司中，亦步亦趋地跟在“独创性神话”的后面，会导致员工乃至整个部门将创新想法三缄其口，讳莫如深。到了项目最终启动的时候，人们渴望得到全部的鲜花和掌声。然而真正的事实会给你当头一棒，就像 GUI 的创造者有很多一样，当伟大的产品和创新成果创造出来之时，很难把鲜花和掌声都给某一个人。分享想法，用全新的方法进行组合，往往才是使人们立于不败之地的根本原因。

第5章

专家神话

The Expert Myth

每当有难题摆在我们面前，需要创造性的解决方案时，我们通常会觉得自己需要寻求更多专业人士的帮助。这就是为什么人们在为这个世界创造自己的价值之前，总是要制订严格的学习计划，这也是很多公司在身陷困境或者员工不给力时，首先想到的是培训的原因。这就是“专家神话”，认为一个人知识储备的多少与所完成工作质量的好坏之间一定存在必然的联系。这看似相当合乎逻辑，无需辩驳，而且在很多情况下，“专家神话”甚至就是真理。培训大体上很有用，没有人会认为学校教育是有害的。尽管“专家神话”看上去很合理，但实际上，一个人专业技能的高低和他的创新产出之间的联系，并不像我们预期的那样。一些针对创造性人才的生活和工作的研究表明，在一定程度上，专业技能甚至会阻碍一个人的创造力，降低创新产出。随着专业技能的提升，创造力会枯萎。有些时候，真知灼见往往来自领域之外的人，那些让人们津津乐道的发明创造也来自这些“局外人”组成的团队。

杰伊·马丁（Jay Martin）成功设计、制造出了一套全新的具有革命意义的义肢设备，他没有依靠专家，而是仰仗一批“局外人”组成的团队的帮助。2002 年，作为义肢的设计者，马丁拿到一笔 30 万美元的科研经费，他建立了自己的新公司——马丁仿生技术公司（Martin Bionics）。这笔经费用于资助马丁的研究，当时他正在研制一款新型义肢脚踝的原型产品。我们的踝关节担负着保持身体灵活性的重任，使我们即使走在不断变化的地形上，依然能保持身体的平衡。而义肢设备想要仿真实现踝关节的功能，研发难度相当大，而且研发出的义肢也很难与人相匹配。大部分常规的义肢脚踝完全没有考虑这个问题，只关注义肢的稳定性，让用户重新学习来适应新的走路方式。马丁则另辟蹊径，他想利用机器人技术来研制一种能实时感知路面变化并自动进行调节的义肢设备，这种设备前所未有。马丁指出，“大多数带有自动调节功能的设备都达不到实时性的要求，它们的一般做法是先读取数据，然后在下一步做出调整，这确实管用，但是仍然存在一些问题。例如，当你一直沿着斜坡往下走的时候，设备会重复一系列相同的步骤，运转良好。但是，一旦你到达坡底突然停住，离开斜坡站在平面上，这时设备就没办法即时帮你保持平衡了。”[1] 而马丁所设想的义肢脚踝，即便在这些复杂情况下，依然能够进行实时调整，以保证用户身体平衡。

马丁面临的问题不在于没有专家的帮助，事实上，他曾经雇用过很多专家。当时，马丁一拿到科研经费，就着手打造组织一支阵容“最豪华”的团队。他雇用了一群来自计算机系统、机械工程和机电工程领域的博士级专家，但这个专家团队攻坚后没多久就停滞不前了。他们最终给出的结论是马丁的设想不可能实现，他们所能想到的每一种可能的解决方案都存在一系列不可逾越的技术障碍。他们认为这项技术的实现条件还不够成熟，在物理学上解释不通。马丁说：“如果这项技术不费吹灰之力就可以实现，那它肯定早就实现了。我有这个心理准备，我觉得它虽然很难，但却是完全有可能实现的。”然而，专家团队却不这样认为。马丁只好解雇了他们，一个都没留。

在那之后，马丁准备重整旗鼓，东山再起。这时，他的处境变得异常严峻，虽然他有足够的经费用于设备的研发，但眼看截止日期就要到了，有信心能制造出这种产品的专家，他一个都找不到。绝大多数工程师都了解马丁之前的团队所面临的挑战，他们都认为马丁的设想不具备可行性，因为他们所接受的基础教育就是这么告诉他们的。“这些工程师和程序员虽然接受过良好的教育，但在他们遇到各种各样的难题时，也只能解决一部分,剩下的那部分他们也无能为力。尤其是在义肢这一领域，你从事这项工作的时间越长，就越能确定什么是可能的什么是不可能的。”马丁如是说道。马丁之前的专家团队和现在的工程师团队都断定他的设想是天方夜谭，根本不可能实现。所以走投无路的马丁决定去找一些新人，帮他实现设想，正所谓不知者无畏。

马丁在当地几所大学的工程学院发表了一系列演讲，他谈到了自己的生活和目前的项目，并在每次演讲时都透露自己正在招募实习生。终于，慕名而来的学生达到一定数量，马丁组建了一个与众不同的团队。在新团队中，有八名成员虽然对自己所在的学科领域的基础知识很熟悉，但在机器人技术或义肢领域都是零基础。这意味着他们不会先入为主地认为这项工作一定不可能成功，他们还不知道摆在他们面前的是多么严峻的挑战。马丁回忆道:“他们脑中完全没有概念，不知道什么是可能的什么是不可能的。我告诉他们这是可能的，他们信任我，于是我们就开工了。”

很长一段时间里，马丁和他的团队废寝忘食，攻坚克难，经历了无数次反复试验。他们费尽了力气，终于完成了一个可以正常运行的原型产品。这个由一群门外汉工程师组成的团队，成为了有史以来首个研发出义肢脚踝实时控制系统的团队。“如果我坚持去找经验丰富的工程师团队，项目当然可能会取得稳步进展，但研发出的产品质量肯定大不一样”，马丁说，“在攻坚克难的道路上，我们找到了真正有创造性的解决方案，这个方案恐怕是专业级团队永远也找不到的。”

马丁和团队研制出了一款开创性的设备，凭借在义肢设计领域取得的巨大成就，马丁仿生技术公司一跃成为美国最大的义肢研发公司之一。但是，马丁从未忘记自己与门外汉团队一起完成“不可能任务”的经历，他意识到自己真正感兴趣和擅长的工作是新义肢的设计，而不是生产制造和市场推广。于是，马丁把他的公司卖给了一家义肢制造企业，然后全身心投入设计工作之中。“在我眼里，发明创造是一种艺术形式，专利只是我的画板”，马丁说道。他现在的公司——马丁仿生创新公司（Martin Bionics Innovations），专注于将新技术应用到传统领域，并设计创新产品，其中也包括义肢设计。公司雇用的员工大部分都是实习生，“在我招的人当中，大约有 95% 都是从实习生开始做起的，我发现，实习生的创造力水平更高，常常带给我启发，而且他们经常能提出更为新颖的想法和更富创造力的解决方案。”

像这样通过雇用年轻的实习生来产生创新设计的，不止马丁一人。在很多领域中，年轻的思想反而更有助于产生真知灼见。在物理学领域，研究人员经常会开一个玩笑，说的是如果你到了 30 岁，所完成的工作还不能让你获得诺贝尔奖，那么你就应该乖乖地离开物理学领域开始新的生活。对身处物理学领域之外的人来说，这听起来令人有些费解而且相当残酷。因为我们一直认为，一个人在某一个领域从事研究的时间越长，那么他能获得的成就越大才是理所当然的。因此，一个人年纪越大，就越有可能完成突破性的创新工作。爱因斯坦在他 42 岁时才获得诺贝尔奖，比 30 岁晚了很多年。他的例子可能会让一些人相信，一个人所能完成的创造性发现是随着年龄的增长而增加的。1921 年，诺贝尔奖评选委员会将诺贝尔奖颁发给爱因斯坦，以奖励他在光电效应上所做的大量工作，然而，这项工作其实首次发表于 1905 年，那一年正是爱因斯坦奇迹年（Einstein's Annus Mirabilis）。狭义相对论、世界上最著名的等式 $E=mc^2$，也都首次发表于 1905 年。而那一年，爱因斯坦只有 26 岁，确实不到 30 岁。

尽管看起来不太公平，但确实有些事实支撑这一观点，即绝大多数物理学家都在他们 30 岁左右到达职业生涯的巅峰，这种现象可以用一个成语来形容——拳怕少壮[2]。在包括物理学在内的很多领域中，一个人的创造力和生产力往往在其职业生涯早期到达顶峰。但生活中的常见情况是，除童星外，从事其他职业的人随着年龄的增长，名气越来越大；随着工作经验的积累，赚取的薪水也更为丰厚。他们获得的名气和高薪其实源于人们对“专家神话”的追捧，人们想当然地认为，如果想要产生既新颖又有价值的想法，那么经验一定是不可或缺的。然而，大部分与创造性人才职业生涯相关的研究材料却支持相反的结论。对于大多数人而言，年龄的增长就意味着更加德高望重，影响力更大，即便大家对他的尊重是建立在他年轻时所完成的工作上的。此外，虽然人们在年长时仍然可以发光发热，但基本上还是在“吃老本”——今天的薪水取决于年轻时流下的汗水。

首个针对个人职业生涯创新产出的研究是由法国数学家阿道夫·奎特雷（Adolphe Quetelet）在 19 世纪早期完成的。奎特雷的研究首次采用“历史测量法”（Historiometric Method）来分析创新人士的职业生涯。[3]“历史测量法”用统计数据解释人类整体的进步或者一个人的职业生涯，所用到的数据包括完成工作的总量、每一项工作完成的具体时间等。奎特雷研究了英法两国多位剧作家的职业生涯，他将每位剧作家在职业生涯中创作的剧本数量逐年记录了下来。奎特雷发现剧作家的作品产出呈现如下规律：随着年龄的增加，作品数量先持续增长，到达峰值，然后开始逐步下降。如果将整个过程用图表来表示，那么剧作家的创造力和生产力曲线看起来像一个倒过来的字母

U。这条倒 U 型曲线实际上也反映出了作品的质量。剧作家一旦开始创作，就成为一个生产剧本的工厂，尽可能多地生产剧本，产出率和剧本质量逐年增加。然而，随着剧作家年龄的增加，他们创作出的剧本质量不会再更上一层楼。这项研究涉及的每位剧作家，在到达一定年龄后，创作出的剧本数量都在逐年减少，每部剧本的质量也在逐渐下降。奎特雷还发现，剧作家们一生中最引以为傲的作品并不是在他们创作生涯的尾声写出来的，尽管那时他们积累的创作经验最为丰富。

在过去的三十年里，“历史测量法”在迪安 · 基斯 · 西蒙顿（Dean Keith Simonton）的研究中重新焕发出光彩。西蒙顿是加利福尼亚大学戴维斯分校的一名心理学教授，他的工作进一步证实并完善了奎特雷最初的研究成果。西蒙顿把研究焦点放在了各行各业的创造性人才身上，研究他们的职业生涯与年龄的关系。西蒙顿从研究结果中发现了相似的倒 U 型函数——创新生产力先增长至某一点，然后到达巅峰状态，接下来的几年时间进入小段平稳期，然后逐渐走低直到个体寿命的终结。整个过程表明，在创新产出方面，位列榜首的不再是那些拥有数十年研究经验的老专家们。西蒙顿的研究甚至证实了物理学家的“年龄玩笑”不是信口胡说，他发现物理学家一生中最具影响力的工作通常在他们 30 岁之前就已经完成了。30 岁是一个神奇的年龄，30 岁的人风华正茂，不至于太年轻而学识尚浅，能足以理解领域内的基础原理；又不至于太老而思维僵化，依然可以从全新的角度去看待那些基本原理，并提出合理的质疑。每个领域都有各自的倒 U 型曲线，只不过在一些领域表现得很明显，在其他领域不那么明显而已。社会学家往往在四五十岁的时候达到职业生涯的巅峰，人文学家则是五十多岁。

西蒙顿认为，在一个人的职业生涯中，某一个时间段内所能取得的创造性成就是可以计算出来的。具体而言，由以下两个因素来决定：一是思维率——一个人根据已有元素构思得到新想法的快慢，反映出一个人构思想法的能力；二是勤奋率——通过实验，将想法进一步推敲完善的快慢，反映出一个人将想法精细化的能力。构思和精细化二者对创新都起着至关重要的作用，前者帮我们得到大量的创新想法，后者帮我们从想法堆中筛选出既新颖又实用的那些。事实证明，思维率更为重要，因为想法的基数越庞大，越有可能找到一个高质量的想法。西蒙顿发现，在大多数人的职业生涯早期，思维率都保持在一个较高的水平，那时人们脑中的想法还不成体系，大脑会将乍看之下毫不相关的元素联系进来。随着学科知识的积累，思维率逐渐降低，虽然专业知识对于全面深入评估一个想法多多少少能起到一定作用，但由于想法基数大幅下降，所以总体而言，人们的生产力和产出想法的质量双双下降。那么，我们不禁要问究竟是什么原因呢？一个可能的原因是随着资历的加深，对于那些看起来剑走偏锋的想法，人们更倾向持保留态度，不愿接纳；另一个原因可能是人们更容易受到传统观念和领域文化的束缚，不能更好地施展拳脚。所以，尽管专家掌握的知识范围更广阔，对于知识的理解也更深入，但积淀深厚的学识反而有可能成为他的包袱，有碍创造力的发挥，不利于创新想法的产生，还可能忽视那些看似不重要实则影响力巨大的想法。

“黄金创作期”现象[4]广泛存在于很多领域。但不用太过担心，“黄金创作期”可以通过一定的方法来延长。只要始终保持年轻学者和领域“局外人”的心态，就可以克服低思维率，从而在整个职业生涯中一直保持高产和高影响力。想方设法使自己心甘情愿地接受那些打破传统的想法，给自己的思维率设定目标，灵活运用创新思维来产生大量的想法。延长“黄金创作期”最简单可行的办法就是调整自己的状态，让自己始终保持领域中新人的心态。想要理解这一点，不妨先来了解一下数学家保罗·埃尔德什（Paul Erdos）的经历。众所周知，保罗经常去潜在合作者的家中拜访，他一直对外宣称“博采众长、兼收并蓄是我的宗旨”。[5]他和合作者们互相分享各自领域的知识，为彼此提供一个“局外人”的视角。他时常将研究重点从数学的一个领域转到另外一个领域，每当他发现自己在某一个领域的贡献逐渐减少时，他就立即开始学习一个新的领域，使自己始终保持新鲜人的状态，从中受益。就这样，埃尔德什成为历史上发表数学论文数量最多的人，仅我们能证实的就有 1525 篇。[6]埃尔德什的论文发表记录和赫赫有名的“游牧式研究”[7]甚至让数学领域的学者们定义了一个“埃尔德什数”（Erdos Number），用于代表研究人员与埃尔德什或其合作者的距离，与埃尔德什本人合作发表论文的人，埃尔德什数为1，与埃尔德什数为1的人合作发表论文，埃尔德什数为2，以此类推。埃尔德什数很好地证明了埃尔德什本人职业生涯的高产，高产的原因在于持续地让大脑接收来自新领域的新理念，以避免思维僵化。

种种现象表明“专家神话”的真实性还有待商榷。诚然，完成大多数创新和创造性工作的前提是要具备基本的专业知识以及在特定领域工作的能力，但专业知识也可能会阻碍创新见解的产生。比如杰伊·马丁解雇的那些精英专家们，虽然他们有很多创造性见解，但专业知识可能会让他们认为自己的奇思妙想肯定不现实，从而放弃灵感。最终的结果就是因新想法基数不够大，而难以在此基础上精雕细琢得到伟大的想法。相反，保罗·埃尔德什的例子证明，保持开放的思维，乐于接受新想法，永远不在一个领域陷得太深，就可以延长“黄金创作期”，保持职业生涯的高产。

很多公司都在大规模地仿照埃尔德什的做法，定期请来行业外的非专业人士，并希望能从他们那里获得新鲜的意见和建议。这些公司绝不是只找了一个人，就迫不及待地宣扬自己兼容并包，他们向任何愿意提供帮助的人士敞开大门。他们不再孤行己见，而是逐渐转变为请求外部人士的帮助，通过集思广益来解决公司的难题，这种转变已经给很多地方带来了根本性的变革，解决了一些世纪难题，包括制药企业如何发展，政府如何运作，甚至还帮我们决定了下一场看什么电影。

在一些传统公司中，核心技术和产品的进步通常源于简单却昂贵的一招——建立大规模研发部门，例如贝尔实验室、施乐帕洛阿尔托研究中心、杜邦公司研发部和默克公司研发部。这些公司花大价钱聘请毕业于顶尖高校的优秀博士毕业生，他们入职后，公司还会拨给他们更多的资金，目的就是让他们攻克一些亟须突破性进展的技术难题。为了寻求长久的发展，大多数公司都会在公司内部建立并加深知识人才储备库，随着研究人员经验的积累，公司会支付给他们更丰厚的薪水，这就是建立在“专家神话”基础之上的机制。近年来，大多数公司的创新就是靠这些不差钱的“研究机器”产生的。

沃纳·穆勒（Werner Mueller）是一名受过正规训练的化学家，他职业生涯的大部分时间都在一家大型跨国化学公司（非上述提到的公司）中工作。[8] 虽然职位不断上升，他却发现自己总想逃离这些曾经吸引他加入公司的化学实验室。退休后，为了能继续摆弄自己的挚爱——化学，他特意在家里建立了一个化学实验室。

2001 年底，一家大型制药公司的“研究机器”开始进入疲劳期，尽管公司给研发部投入了大量资金，但对于潜在产品存在的问题，他们还是束手无策。他们找到了一种价格便宜而且相当有效的化合物，可是，制药过程效率很低，致使这一药品的成本一直在增加。研发部花光了所有预算，但依然无计可施，于是他们不得不将问题匿名发到 InnoCentive 网站上。机缘巧合下，穆勒在网上看到了这个问题，虽然他没有在制药行业工作过，但他认为这一问题与他之前担任工业化学师时遇到的另一个问题十分相似，于是他开始寻求解决方案。最终，穆勒感觉自己找到了问题的解决方案，并将其提交给了那家公司。对于穆勒提交的方案，研发部之前想都没想过，经过测试，这一方案表现得极其出色，完美地解决了问题。最终，制药公司制成了药品，穆勒得到了 25000 美元的奖金用于家庭化学实验室的再投资。现在穆勒的大部分时间都待在他心爱的实验室里，为 InnoCentive 网站上各式各样的问题研究解决方案。

InnoCentive 网站另辟蹊径，从需求中孕育创新成果，它的工作模式类似于 eBay，旨在帮助人们解决问题。2001 年，网站由时任美国礼来公司（Eli Lilly）副总裁的艾尔菲尔斯·斌哈姆（Alpheus Bingham）创建，礼来公司正是上文中提到采用穆勒的制药方案的那家公司。一般而言，传统大公司的研发模式是找一群最聪明的人，然后把难题丢给他们解决。斌哈姆对这种模式非常失望，因为问题的症结不在于人，也不在于问题，而恰恰在于两者的组合。一旦任务分配完毕，斌哈姆无从知晓他是否把合适的问题分配给了合适的人。人们习惯于把最难的问题分配给最聪明的人，但正如我们所见，一味地找专家解决难题，有时事与愿违。

回到上一个故事。当时，礼来公司研发部无计可施，斌哈姆不知道从哪里继续划拨资源，也不知道他们面临的问题是否可解，或者需要多长时间才能解决，所有这些未知都给公司的项目规划带来了空前的困难。斌哈姆不能在一棵树上吊死，于是在万不得已的情况下，他启动了 InnoCentive 项目。如果换一种思路，公司敞开大门，充分发挥外部人士的聪明才智，提供一定的奖金以寻求可行的解决方案，那么，公司在预算统计和资源规划上将容易得多。于是，公司将问题发布在 InnoCentive 网站上，起初回应的人寥寥无几，斌哈姆开始怀疑公司在网站开发上的投入是不是打了水漂。但后来，人们提交的解决方案纷至沓来，穆勒的方案就是其中之一。该方案不仅完美解决了药品研发的问题，还把斌哈姆从进退两难中解救出来，他不用再依赖昂贵的研发部门来进行创新了，也肯定了 InnoCentive 项目的价值。

2003 年，InnoCentive 项目作为一个独立的公司从礼来公司中脱离出来，CEO 仍然由斌哈姆担任。网站发展势头良好，有包括杜邦、波音、诺华、宝洁在内的数百家公司在 InnoCentive 上面发布问题，发布问题的公司被称为“问题发布者”。问题涉及的范围十分广泛，从设计锂离子电池到研发低脂巧克力代餐。研究这些问题的人（被称为“问题解决者”）来自各行各业，范围更加广泛，总共有超过 20 万人在 InnoCentive 上注册成为潜在的问题解决者。斌哈姆坚信，这才是使网站立于不败之地的真正原因。InnoCentive 网站为一个问题提供了多元化的思路，常常能得到独特的解决方案”。[9] 思路的多元化恰恰是解决问题的关键之所在。问题解决者们解决的大部分问题通常与他们自己的专业领域不直接相关，只是沾点边。就像穆勒是学工业化学的，却解决了一个制药问题。在 InnoCentive 网站，有一种人贡献的解决方案数远超其他人，他们的特点就是——所学的知识足以让他们理解问题的复杂性，又不至于太专业，而限制自己的思考范围。

除了将问题发布在 InnoCentive 网站上，很多公司还敞开大门，广开言路。2006 年，网飞公司（Netflix ）组织了一场面向全社会的公开竞赛，赢家可以获得“网飞大奖”（Netflix Prize）。[10] 网飞公司是一家从事 DVD 和流媒体电影业务的公司，公司的业务依赖一种推荐算法，这种算法基于用户以前看过和评价过的电影来为用户之后的观影行为进行推荐。为了扩大业务，公司希望优化推荐算法的效果。网飞公司没有在内部花费时间和资源，而是决定博采众长，向社会上的自愿参与者们敞开大门，不管你是什么专业背景、在哪里工作，只要你愿意，就可以参与进来展示自己的潜力。在这个竞赛中，公司要求参赛者设计一个新算法，使推荐效果提升 10% 以上，网飞公司将采用真实顾客样本对参赛者提交的算法进行测试。公司决定给第一个完成任务的团队颁发 100 万美元的奖金，除大奖之外，每年都会给迄今为止算法效果最佳的团队提供 5 万美元的“进步奖金”，以鼓励人们的不懈努力和团队间的协作。

三年时间里，共有来自 186 个国家的 4 万个团队提交了算法。2009 年，出乎所有人意料，“网飞大奖”花落一个名为“BellKor’s Pragmatic Chaos”的“大杂烩”参赛队。这个团队由来自美国、加拿大、澳大利亚和以色列的统计学家、人工智能专家和计算机工程师组成。他们的算法将网飞公司正在使用的算法效果提升了 10.06%，第一个越过目标线。有趣的是，在比赛之初，团队中的 7 名成员分别来自三个独立的小组，在三年的时间里，对于彼此取得的进展，他们都看在眼里，于是他们一拍即合，决定组成一个团队，发挥每个人的长处。更不可思议的是，成员们甚至都没见过彼此，他们抵达网飞公司领奖的那天竟然是他们的初次会面。

令人们不解的是，网飞公司从来没有在实际业务中使用过获胜团队提交的算法。事实上，在比赛进行的几年间，公司的业务重点已经从邮件租用 DVD 转向了互联网流媒体电影，使用的推荐算法自然也随之改变。尽管在外人看来，花 100 多万美元组织一场比赛就为了选出一个从未派上用场的算法，实在令人难以理解，但网飞公司却不这么认为。一方面，他们在一个“进步奖”算法的启发下，的确实施了一些算法改进，并应用于业务中；另一方面，通过这场比赛，公司观摩了参赛团队是如何竞争、如何一步一步取得进展的，在整个过程中，公司获得了宝贵的经验，为今后的算法优化奠定了基础。

InnoCentive 网站和“网飞大奖”证明了“众包”

（Crowdsourcing）蕴含的巨大力量。“众包”是一种工作模式，指的是公司把过去由员工执行的工作任务，以自愿自由的形式外包给大众网络，在大众中寻找能帮助解决复杂问题的人。“众包”的原理是众人拾柴火焰高，但事实上有的时候不是非得人多才能创造奇迹，少数人也可以贡献出类似“众包”的创新力量，有时一个人单枪匹马甚至能解决更多复杂的难题，比如政府面临的很多问题。Fuse Corps 就是这样一个非营利组织，成立宗旨是招募和培训企业专家，让他们与市政领导一起工作，为市政建设贡献独特的创新想法。

Fuse Corps 在全美范围内的社区中找寻那些具有代表性的国家级重点项目，比如教育、医疗和经济发展。“Fuse Corps 起源于我偶然间的一个想法”，联合创始人莱尼·孟东卡（ Lenny Mendonca）解释道，[11]“我曾在斯坦福商学院的董事会工作过很长时间，当时我注意到，同学们都是怀揣着为社会做贡献的强烈渴望来学习，但现实总是残酷的，他们的理想与他们真正做的事情之间隔着一条巨大的鸿沟。”一个商学院学生的典型成长路线是贷款上学，毕业后在咨询或金融等高薪行业中就职，偿还贷款。即便这些学生想去做真正有影响力的事情，但这套机制迫使他们不得不更早更快地去创造利润。“同时，我一直与公共部门的领导者们保持着沟通”，孟东卡说，“摆在市长和州长们面前的，都是一些非常有意思的问题，但是他们找不到合适的人来帮助他们解决。如果我们能将私营企业的创造力应用在社会问题的解决上，那么将极大地推动社会的进步。”

Fuse Corps 接受了挑战，他们让市政领导人和一个选中的企业家或在职专家合作处理某一项目。“你的转型目标是什么？我们会帮你找到合适的人选。”Fuse Corps 的联合创始人、CEO 詹妮弗·阿纳斯塔索夫（Jennifer Anastasoff）跟来 Fuse Corps 寻求帮助的市政领导们这样说道。[12] 制定的目标一定要具体、可衡量，要对整个社区有确切的影响，而且要对领导人自己产生直接的影响。根据领导人自己制定的目标，Fuse Corps 的员工们从申请池中寻找匹配的人，每名申请人必须有八年以上的专业经验和在私营企业工作的经历，有经验的企业家优先。他们对候选人之前所在领域的专业技能不作要求，匹配的候选人需要进行一次服务展示。“大家没必要一开始就给自己太大压力，不要期待只通过观察就找到问题的症结，而应当把自己的身份放低，想市民之所想，急市民之所急，真正解决他们的问题，满足他们的需要。”另一个联合创始人彼得·西蒙斯（Peter Sims）如是说道。[13]

2012 年一整年，诺埃尔·加尔佩林（Noelle Galperin）大部分时间都在致力于提高人们对加利福尼亚州奥克兰儿童保护组织“立即声援儿童”（Children Now）的理解和支持，保护组织正在努力建立加利福尼亚州儿童保护联盟（Children's Movement of California），联盟旨在为儿童提供发展机会，充分发挥儿童的潜能。尽管加尔佩林以前也曾从事过很多困难的工作，但与儿童保护联盟的员工在一起工作着实给她的日常工作与生活带来了很大改变。“我每一天的工作都是崭新的”，加尔佩林说道。[14]“作为一名企业员工，在社会组织的工作经历才使我真正得以茁壮成长。”加尔佩林拥有哈佛大学工商管理硕士学位，她曾在运筹市场营销和企业战略管理领域有 20 年的工作经验，并一手建立了自己的咨询公司。2012 年初，她暂停了自己的工作，投身于儿童保护联盟的工作当中，在整整一年的任期内与关注儿童问题的各种组织进行密切合作，并为政府制定了一整套战略，以确保儿童问题这一长期议题的顺利推动。这份独特的工作使加尔佩林身处非营利组织和政府机构二者的中间，但正是由于她之前接受过顶尖的商科教育，并有过创业经历，所以使得她发挥得游刃有余，给两个阵营都带来了不可或缺的创新成果。

“大家都在为那些造福社会造福后代，但却缺乏资源的项目付出着自己的努力”，加尔佩林说道，“我们的一个任务就是用创新的方法来获得合适的资源，然后用这些资源构建出一个点，并让这个点能够接受社会投资，持续发展，最终成为一个对公司、对社会都有重要影响的面。”企业家式的思考与市民的参与二者相结合，共同驱动社区创新，这一理念已经在每一名 Fuse Corps 员工身上生根发芽。Fuse Corps 的成功案例还有很多。劳莱·利克蒂（Laurel Lichty）将律师事务所的工作放到一边，与特拉华州教育部长共同合作，致力于推动和衡量特拉华州争取完成全国最高教育目标的进程，并确保该进程的顺利推动。资深电视

制作人艾瑞卡 · 迪姆勒（Erika Dimmler）就职于美国有线电视新闻网（CNN），她主动休假一年，与萨克拉门托市市长凯文·约翰逊（Kevin Johnson）一起工作，为了将名厨爱丽丝·华特斯（Alice Waters）的“校园食品项目”（Edible Schoolyard Project）推广至该市的联校区，并提升学校教学和学生们午餐的质量，莉莎 · 甘斯（Lisa Gans）加入非营利创业公司 DC Promise Neighborhood Initiative 的领导团队中，帮助他们制定为期五年的战略规划，还为其筹集到 2500 万美元的资金，用于资助在华盛顿特区的贫困社区内生活的孩子们，保障孩子们的健康、安全和生活质量。在加入 Fuse Corps 以前，甘斯是一名商务和人权律师，曾帮助伊拉克和斯威士兰两国起草新宪法。2012 年一整年，前决策顾问、非营利机构管理人员杰里米 · 哥德堡（Jeremy Goldberg）在位于加利福尼亚州圣荷西的“硅谷人才合作机构”（Silicon Valley Talent Partnership）中工作。这一机构发起了一项很有意义的活动，他们组织了一批最优秀的私营企业人员与寻求帮助的政府机构结对工作，共同解决政府面临的问题。“很多亟待解决的问题涉及面都很广，涉及私营企业、公共部门和非营利组织三者的交集”，莱尼 · 孟东卡（Lenny Mendonca）说道，他本人也是麦肯锡咨询公司（McKinsey & Company）的高级合伙人、总监。[15] Fuse Corps 对主办单位和个人如此精心挑选，就是希望能够找到不同领域的交叉点。Fuse Corps 一直致力于促成私营企业负责人和公共部门、非营利组织的专家进行全方位的合作，发挥各自的创造力。迄今为止，Fuse Corps 的项目已经对整个社会的革新起到了十分显著的促进作用。InnoCentive 网站、“网飞大奖”和 Fuse Corps 三者之所以能取得如此丰硕的成果，就是因为他们毫不留情地抛弃了“专家神话”。为了更具创造力，人们很可能错误地在一个领域陷得太深，这样做不仅不会提升创造力，反而会使思维僵化，最终变得过于专家化。“专家神话”认为最难的问题应该由领域内最聪明的人解决，但事实证明并非如此。真正能够解决难题的人通常是领域边缘的人，他们拥有足够的学识，能充分理解问题，但又不会陷得太深，以至于只能用固定的思维模式来思考。正因为如此，这类人拥有十足的创造力，可以找到正确的解决方案，他们独特的视角使得其不仅能产生很多奇思妙想，还具备足够多的领域知识评价这些想法，找到真正有价值的那一个。

不是每家公司都能把自己面临的问题移交给互联网上千千万万的人解决，也不是每家公司都能为外人提供一年的工作机会以向其寻求帮助。但是，我们可以做些力所能及的，比如充分发挥“局外人”的创新视角，召集背景各异的成员组建团队。如果这些还无法达成，那么至少有一点我们肯定可以做到，那就是鼓励公司中跨部门、跨团队合作，使人们看待问题的视角多元化，因而找到更多可能的解决方案。此外，为了保持员工职业生涯的高产和思维的开放性，我们可以向数学家保罗·埃尔德什（Paul Erdos）学习，促使员工在不同的部门间轮岗，让员工们将过去的经验带到新的部门，产生出创新的火花。无论选择哪种方法，打破“专家神话”的关键在于避免功能固着（Functional Fixedness）[16]，不断强迫自己用全新的方式理解过去的老问题，不再迷信专家。

第6章

激励神话

The Incentive Myth

俗话说“有钱能使鬼推磨”。在商业活动中，一个最典型的模式就是花钱雇人完成某项工作。对于那些特别重要的工作，企业管理者们通常会建立一套激励机制来提高员工们的工作积极性。在管理学原理的课堂上，有一句古语被反复提及，那就是“如果你想做成生意，就把它量化；如果你想做好生意，就把它金钱化。”这个方法源于工业时代初期盛行的管理实践，那时人们被高度结构化的工厂雇佣，完成特定的工作。随着经济的发展，尽管社会已从工业时代转向了信息化时代，但这些古老而陈旧的管理方法却依然保留至今，大行其道，就连一些创新类工作的管理方式也不例外。管理创新类工作的方法与管理工业劳动没什么两样，都是一味地用金钱作为奖励方式，这种做法就符合典型的“激励神话”。所谓“激励神话”，就是认为创新工作的产出和质量一定会随着激励的增多而不断提升，这也是大多数以营利为目的的商业活动，甚至很多非营利组织的运作方式。但是，也有很多公司另辟蹊径，他们发现创新工作完成的多少与好坏和激励的大小之间并无关联。相反，这些公司和非营利组织诚聘有识之士，探索出一种有别于传统激励模式的新途径，用于鼓励杰出的创造性人才施展才华。

杰德·阿布拉德（Jad Abumrad）就是一名创新天才。至少人们是这么称呼他的，因为他曾在 2011 年获得麦克阿瑟奖（MacArthur Fellowship）。阿布拉德是《电台实验室》[1] 的创始人，同时他还与另一位创始人罗伯特·克鲁维奇（Robert Krulwich）

共同担任节目的主持人。《电台实验室》与一般的电台秀不同，《电台实验室》每集围绕一个话题展开，主要探讨科学或哲学的本质。每集节目都经过了巧妙的构思和精心的设计，内容包括主持人对话和专家访谈，节目中还融入了精挑细选的背景音乐和音效，为听众营造出一种独特的听觉体验。阿布拉德过去在欧柏林大学主修作曲专业，《电台实验室》是他与克鲁维奇合作开创的节目。他们二人的处女作诞生于 2003 年，是为《美国生活》（This American Life）节目录制的音频版，不过却没有播出。后来他们对节目进行了改进，2005 年，纽约公共电台播出了第一季《电台实验室》。时隔六年后，阿布拉德收到了时任麦克阿瑟奖项目组负责人——丹尼尔·索克洛（Daniel J. Socolow）发来的一封含糊其辞的邮件，他才意识到自己可能获奖了。但阿布拉德说他当时的第一反应是收到一封诈骗邮件，直到后来与索克洛交谈，他才得知麦克阿瑟奖的确落到了自己的头上。

麦克阿瑟奖用于奖励那些具有非凡创新潜力的个人。该奖项给每名获奖者提供为期 5 年、总额为 50 万美元的奖金，每年 10 万美元。该奖项不是奖励过去获得的成就，而是奖励那些在工作中展现出杰出创造力和未来发展潜力的个人。麦克阿瑟奖认为获奖者应当具有突出的创新能力，但大多数媒体习惯于把这个奖项称为“天才奖”，获奖的人自然就是“天才”。麦克阿瑟基金会并不认同这个叫法，他们认为“天才”的概念过于局限，天才仅仅是对一个人智力方面的考量，而麦克阿瑟奖追求的是一个人的创造力。正如《电台实验室》系列节目不同于一般的传统电台节目一样，麦克阿瑟奖的选拔程序也与普通的奖励项目有很大区别。在传统的奖励项目中，为了申请拨款，个人或者团队要先提交一份相当冗长的申请书，写明申请何种奖励项目、对资金的使用计划以及预期得到的结果。一旦项目获得了拨款，就必须按照申请书上白纸黑字约定的内容执行下去，而且最后一定要有相应的成果产生。但麦克阿瑟奖与之不同，它的独特性体现在以下两个关键方面。

第一个不同点，麦克阿瑟奖不需要受资助人自己提出申请，也没有具体的申请书。奖项候选人由一群评选委员以匿名的方式提名选出，麦克阿瑟基金会对评选委员的保密程度甚至要高于候选人的名单。这群秘密评选委员每年都不一样，对他们的选拔基于两方面：一要看他们的专业水平如何，二要看他们对各自领域内创新人才的熟悉程度。麦克阿瑟奖的获奖者对整个过程毫不知情，直到他们获奖才知道有这么一回事。阿布拉德坦言，当索克洛跟他核实获奖消息时，他根本不知道自己被提名，更别提获奖了。阿布拉德说当时索克洛还跟他开了一个玩笑，问他是否认识获得麦克阿瑟奖的人。[2]据说索克洛跟阿布拉德说，“我给你一个提示，获奖者的名字以字母A开头，第二个字母是B，接下来是U。”直到那一刻，阿布拉德才反应过来，获奖者是自己。

麦克阿瑟奖与传统奖项的另一个更为重要的区别是，基金会对获奖者如何使用50万美元的奖金不作限制，获奖者不需要用特定的方式来花这笔钱。麦克阿瑟基金会网站上有这样的说明："麦克阿瑟奖致力于资助那些在智力、社会和艺术领域所做的不懈努力。我们相信，由积极性高、自主性强、有才干的人来决定如何分配时间与资源才是最合适不过的"。[3]奖项旨在为获奖者提供最大的发挥空间，让他们能够跟随自己的创新节奏不断前行。"它完全颠覆了传统意义上的资助者和受助者的关系"，索克洛在2007年接受哈佛商业评论采访时如是说道。[4]在传统奖励项目中，资金受助者需要提前申请，一旦拿到资金后，必须要按照计划开展项目，不得有任何偏差。麦克阿瑟奖颠覆了这种传统模式，基金会相信如果他们彻底抛弃传统模式，给获奖者最大限度的创作自由，奖金才会真正物尽其用。

麦克阿瑟奖如此独树一帜，其根源来自于麦克阿瑟基金会。1978年，基金会由芝加哥富商约翰·麦克阿瑟（John D. MacArthur）逝世前捐赠建立。麦克阿瑟生前为基金会选定了董事会，但没有规定任何准则。在董事会召开的第一次会议上，董事们开始讨论乔治·伯奇博士（Dr. George Burch）发表的一篇名为《Of Venture Research》的文章。伯奇在文章中称，在当时，一些机构对于研究人员的资助方式不是很恰当，他建议采取一种不同的方式。伯奇认为创造性人才应当在思考和行动上拥有足够的自由，而不需要"低声下气"地去祈求别人的资助。[5]1981年，董事会第一次发放了为期五年的奖金，麦克阿瑟奖"无附加条件"的传统由此诞生。自成立以来，基金会奖励的人员越来越多样化，获奖者来自各行各业，包括科学家、诗人、历史学家、物理学家、小说家、非营利组织领导人、音乐家、人类学家和上文提到的电台节目主持人。获奖者拿到奖金后，基金会不要求他们汇报奖金的具体用途，甚至不用提交任何报告。令人欣慰的是，获奖者也没有让基金会失望，他们都将奖金很好地加以利用，比如创作新的文学作品，扩展自己的研究项目，为城市中的贫民提供组合式住宅的资助项目，甚至重建古刹使其成为世界各国艺术家的居所。

麦克阿瑟奖的奖励流程不同于传统的非营利奖项，但它似乎高高在上，距离人们心目中的创造力、激励和生产力很遥远。幸好，很多公司从麦克阿瑟奖中得到了启发，开始尝试一些颠覆传统的方法。这些公司学习了一些针对工作中的创造力开展的研究，推行一种能提升员工创新生产力的全新方法。他们逐步摆脱工业时代的思考方式，抛弃“激励神话”，转而采用新的实践方式来激发员工的创造性思考。事实证明，这些新实践方式已经卓有成效，大大提升了公司的创新产出能力。

在工业时代的鼎盛时期，工厂的管理人员开始为员工缺乏工作积极性而头疼。工厂的工作通常是重复性劳动，每几分钟、每小时甚至每天都在重复相同的任务序列。如何保持员工的积极性，使他们能又快又高效地完成任务，是很棘手的一件事。这个问题直到“管理科学之父”弗雷德里克 · 泰勒（Frederick Taylor）的出现才得以解决。泰勒是一家工厂的一名管理者，也是一名接受过良好训练的机械工程师，他开发出了一套体系，在他看来能更好地管理工业劳动力。他认为，如果人们认为一项工作很枯燥、缺乏驱动力，那么提高绩效的最好方式就是将他们的工作与金钱激励相挂钩。工人们期望赚取更多的钱，因此自然就会有工作积极性。20 世纪初期，泰勒对这一体系进行测验时，研究的对象大部分都是工业性劳动者，这种激励体系十分奏效。然而，随着社会的发展，泰勒的激励体系已经不再适用。但长期以来，这种金钱激励体系之所以没有暴露出问题，是因为在整个 20 世纪的时间段，美国人从事的工作虽然从工厂劳动逐渐转变为白领工作，他们身上穿的也从工厂工作服变成了扣角领衬衣，但即便如此，大多数人所从事的仍然是重复的、常规的工作。尤其在公司底层，绝大多数白领的工作只需稍加培训即可上岗，他们每天都在完成大量的重复性工作。因此，泰勒提出的使用金钱激励提高工作积极性的方法依然看起来很有效。

但创造性工作与上述工作不同，有自己的独特性。泰勒关注的工作通常伴有十分清晰明确的任务说明，员工需要做的就是一字不差地按照说明完成任务。但在创造性工作中，没有任何明确的指导说明，甚至连任务是什么都不知道，得先进行探索。现如今，这种类型的工作越来越普遍，麦肯锡咨询公司最近的一项研究表明，在美国，有接近七成的就业增长来自于那些工作说明未知并且有很多问题需要解决的工作岗位。[6] 这些工作需要的是创造力而不是重复性的劳动，不能循规蹈矩、墨守成规。此外，这些工作本身就蕴含了充分的内在驱动力，使得泰勒的金钱激励机制再也派不上用场。

激励在创造性工作中究竟发挥何种作用，对此，研究人员已经开展了许许多多的研究，研究数量多到几乎与有关创造力本身的研究一样多。虽然仍有一些细节有待确认，但研究人员已经在一些重要问题上达成共识。驱动力是影响创造性表达的最重要的因素之一，回顾特瑞沙·阿玛比尔提出的“创造力成分模型”，驱动力（任务动机）正是其中一个。随着一个人解决问题或参与创新工作的积极性越来越强，他得到创新解决方案的可能性也就越来越大。然而，驱动力的类型与是否存在驱动力几乎位于同等重要的位置，驱动力呈现两种类型：内在动力和外在动力。内在动力源于我们自身，指的是因单纯地享受工作本身而想要完成它的意愿。如果我们很自然地对一项工作感兴趣，那么不管我们是在做事还是在思考，都会全神贯注地投入其中，甚至就连做其他事情，也还是会对那项工作念念不忘，因为我们发自肺腑地感受到了工作的动力。外在动力与之相反，它来自于我们的身外世界，就好像一种奖励。当我们不是本着对工作本身的渴望，而是为了其他原因完成工作，比如升值加薪，那么我们便受到了外在动力的影响。随着这方面的研究越来越多，人们逐渐接受了这样一个结论——相较于外在动力，内在动力有助于更多创造性工作的产生。

阿玛比尔带领研究小组完成了一项著名研究，她们仔细研究了艺术家的创造力在两种情况之下的不同之处，一种是根据自己的意愿进行创作，另一种是受他人委托有偿进行创作，他们得出了上一段提到的那个结论。[7] 阿玛比尔和她的团队找来了23 名画家和雕塑家，让他们从自己完成的作品中挑出 20 件，其中 10 件是受他人委托创作的作品，其余 10 件是出于对艺术的单纯热爱而自行创作的作品。研究人员将 460 件作品汇总，集中展示在一群包括博物馆馆长、画廊老板以及其他艺术家在内的专家面前。专家们依次为每件作品的质量打分，但他们事先不知道作品的作者是谁，也不知道哪些作品是有偿创作出的，哪些是自发创作的。统计出分数后，研究人员发现，受委托创作出来的艺术作品的分数要远远低于艺术家出于热爱而创作出的作品。尽管艺术家在有偿创作时多多少少也会拥有一定程度的内在动力，但“作品可以得到报酬”这个事实多少会抵消一些内在动力，从而拉低了作品整体的质量。这项研究证实了阿玛比尔提出的“创造力的内在驱动法则”，即内在动力提升创造力，外在动力损害创造力。[8] 阿玛比尔认为，当类似金钱奖励这种外在动力因素存在时，会转移一个人的注意力，使其不再关注工作本身，转而过多地关注金钱，创作起来自然就心不在焉。以上述研究中的艺术家们为例，当他们自主创作时，会全身心投入其中，尽心竭力；而当他们受到委托有偿创作时，就不得不考虑客户的需求和喜好，创作难免会受到影响。阿玛比尔的论文得到了另一位心理学家爱德华·德西（Edward Deci）的支持，在长达 40 年的研究生涯中，爱德华发现某些外在奖励的确能够抑制和消除原本存在的内在动力。[9] 某些情况下，激励反而会降低我们的内在动力，妨碍我们在创造性工作中发挥潜力。

然而，这并不意味着人们只能无偿进行创造性工作，得不到任何报酬。我们都需要一定程度的报酬，以解决我们的后顾之忧，让我们能心无旁骛地进行创新。然而，为创造性工作构建合理的报酬结构体系，难度远超弗雷德里克·泰勒的预期。但在工作中，我们还是可以精心设计出一套不会对内在动力产生抑制作用的激励和奖励机制，一举两得。阿玛比尔建议，外在动力并不总是有害的，只要它们的终极目标与内在动力保持一致，都是为了更好地完成任务，那么外在动力就可以与内在动力双管齐下，相辅相成。“胡萝卜加大棒”[10] 这种直接控制机制显然不是我们想要的，我们需要一些其他形式的外在激励来促进内在动力。例如一些激励或奖励是为了对员工完成的工作予以肯定，那么这种激励就有可能提升员工对于创造性工作的内在兴趣。更重要的一点，如果人们原本就喜欢某项工作，再加以适当奖励，就能产生一加一大于二的效应。

让我们回顾一下上文提到的麦克阿瑟奖，为了奖励获奖者所完成的创造性工作，基金会给获奖者提供一笔奖金。奖项本身是一种认可的形式，而且给予获奖者充分的自由，让他们可以自主选择未来的研究工作。麦克阿瑟基金会强调，奖金不是为了奖励过去的工作，而是对未来的一种激励，鼓励获奖者在今后完成更多富有创造力的伟大工作。奖项本身虽然是一种外在动力，但它与获奖者的内在动力完美地结合起来，二者相辅相成。很显然，麦克阿瑟奖的模型很难付诸实践，几乎没有一个咨询顾问会建议他们的客户拿出大笔现金，然后等着坐享其成就可以了，因为没有公司会相信把钱交给员工，员工自然会找到创造性工作，为公司带来丰厚的利润回馈，这显然是痴人说梦。然而，一些公司勇于做第一个吃螃蟹的人，他们开始在小范围内尝试一些类似于麦克阿瑟奖的激励机制。这些公司允许员工花时间研究自己感兴趣的项目，一旦项目真正为公司带来回报，公司就会给员工颁发“天才奖”，以鼓励他们的自主创新。[11] 这些“自主研究项目”中最著名的一个可以追溯至 1925 年，一个名叫迪克 · 德鲁（Dick Drew）的砂纸销售员。[12] 当时，他在一个大型工业产品公司中工作，主要的工作内容是到处为客户展示公司的砂纸产品。工作的性质使得德鲁去过很多汽车修理厂，他注意到大部分修理厂都面临一个共同的难题——当工人们修完车后，还要重新给汽车喷漆，费时费力；尤其如果碰到了双色车，那么想要得到完美的喷涂效果就难上加难。因此工人们的一般做法是先将车辆整体喷涂成一种颜色，然后用几张牛皮纸盖住本来就是这个颜色的部分，这样他们就能方便地用另一种颜色的漆喷涂车辆裸露的部分，完成双色喷涂工作。这是一个很巧妙的方法，但存在一个缺陷。由于他们使用的粘胶黏合力太强，当工人们撕掉胶带时，总会不小心粘下去一些油漆涂层，于是他们不得不用手小心翼翼地重新喷涂那些损坏的部分，无端耗费了工时。

在目睹了整个喷漆流程后，德鲁突发奇想，能不能将粘在汽车上的牛皮纸和自己公文包里的砂纸样品联系起来呢？砂纸基本上就是两种元素的结合：黏性纸和磨料。在纸的一边涂上粘胶，然后蘸上碾碎的矿物粉，就制成了砂纸。如果不蘸磨料，得到的产品其实就是一种单面黏性纸而已，这恰好就是汽车修理厂需要的产品。德鲁返回办公室后，开始用砂纸做实验，实验结果表明制作砂纸所用到的粘胶的黏性虽然比修理厂用的弱一些，但仍然太黏。于是，德鲁又投入粘胶配方的研发，试图降低粘胶的黏性。经过多次实验，他终于找到了最适合的粘胶配方。但还有另外一个棘手的问题摆在他面前，那就是怎样保存涂了粘胶的纸。纸的一边不再蘸磨料，粘胶裸露在外，成沓的纸都黏在了一起，给产品的包装和销售都带来了很大困难。

大约就是在这时候，德鲁的老板威廉 · 麦克奈特（William McKnight）强势介入。麦克奈特看到德鲁投入了长达几个月的办公时间，就只得到了粘在一起的黏性纸。麦克奈特命令德鲁立即终止这一项目，他认为公司的业务是砂纸，由不得德鲁继续不务正业，他告诉德鲁，要么继续卖砂纸，要么另谋高就。但德鲁没有把老板的话放在心上，他继续进行研究，只不过不在办公时间，而是在其他人下班后，他经常加班到很晚来进行他的实验。终于功夫不负有心人，他找到了包装问题的解决方案。因为粘胶黏性低，这些纸只是轻轻地粘在一起，可以把它像丝带一样卷起来，需要用的时候就从纸卷中撕下即可。从最初的灵光一闪到现在研发出产品，只用了不到一年的时间，德鲁发明了美纹胶带，这款产品不仅受到了汽车修理厂工人的好评，到后来几乎人人都会用到它。在短短三年的时间里，德鲁所在的3M公司的美纹胶带的销量就远远超过了砂纸产品。

作为老板，麦克奈特从未忘记德鲁当时是如何无视他的命令而继续进行研究的，但他没有惩罚德鲁，相反，他在整个公司内部表彰了德鲁这种创造性行为。1929年，麦克奈特挂帅公司总裁，他宣布3M公司的技术人员可以将多达15%的工作时间投入自己的项目中，完全不需要得到上司的批准。[13]这项规定被称为3M公司的“私活政策”（Bootlegging Policy），直到现在，这项政策依然存在。据3M公司前研发部门负责人称，3M公司的绝大多数核心产品都来自于工程师的“私活项目”。[14]例如第2章提到的便利贴，正是因为斯宾塞·席尔佛和阿特·傅莱可以在办公时间里“干私活”，才使得便利贴成功问世。虽然麦克奈特发布这项政策的时间早于麦克阿瑟奖，但其二者背后蕴含的理念却惊人地相似。

继3M公司之后，越来越多的公司也开始尝试给员工颁发“天才奖”，员工可以将时间自由分配到感兴趣的项目中，公司不再简单地给员工物质激励，迫使他们完成分配的工作。澳大利亚软件公司 Atlassian 每季度允许员工有 24 小时自由分配的时间，员工可以参与到任何一个感兴趣的项目中，只要满足两个条件即可：第一，必须是正常工作范围之外的项目；第二，第二天给大家分享前一天的进展情况。这项尝试为公司带来了丰厚的回报，员工们修复了大量的软件缺陷，产生了很多有价值的产品创意。项目取得了极大的成功，于是 Atlassian 公司推行了一项正式政策——每周给员工 20% 的时间用于“干私活”。[15] 创新巨头戈尔联合公司（W. L. Gore & Associates）采用的方法与 3M 公司类似，只不过前者允许员工投入“私活项目”的时间略少一些。在戈尔联合公司里，合伙人可以将 10% 的办公时间用于新项目的研发。事实上，第 3 章提到的伊利斯琴弦（Elixir）项目的前身就是戴夫·麦尔斯（Dave Myers）和另两名同事在“10% 办公时间”里研发出的项目。[16] 后来，他们说服了另外 6 名合伙人也一同加入。三年后，他们的研究成果终于在公司中亮相并大获成功，这一业余项目也发展成为公司的正式项目。类似的还有生产销售玻璃制品的美国康宁公司，在康宁公司的苏利文研发实验室中，科学家每星期都会将 10% 的工作时间投入到“星期五下午实验项目”（Friday Afternoon Experiments），用于研究那些看起来不太靠谱的奇思妙想。[17] 有了这部分自由时间，科学家们可以不受老板的干涉，天马行空地开展研究，有时还会让一些被老板砍掉的项目起死回生。

社交媒体公司 Twitter 定期举办“黑客周”活动——员工有

整整一周的时间用来研究他们日常工作之外的项目。这是一个公平的竞赛，任何项目都可以参与评比。很多人完成的项目与工作相关，比如修复软件缺陷，但除此之外，不乏一些与工作无关的项目。例如，几个人共同制作了一个低保真的搞笑招聘视频，视频在公司中迅速蹿红。“黑客周”活动在 Twitter 办得风生水起，创始人杰克 · 多尔西（Jack Dorsey）还将这一活动带到了他后来创立的支付处理公司 Square 中。在 Square 公司中，“黑客周”活动成功孕育了大量优秀的项目，例如扩展应用程序 Square Wallet，采用无线接收打印的方法，使用户可以用智能手机完成支付行为，方便快捷，而它的前身就是一个“黑客周”项目。除此之外，很多异想天开的项目也在活动上大放异彩。在一次“黑客周”活动中，一个小组开发了一个应用程序，员工用它可以很方便地查看公司的台球桌是否空闲。还有另一名工程师在中间挖空的香蕉里安装了一部预付费手机，制成一部“香蕉手机”。虽然对于公司而言，类似 Square Wallet 的项目显然投资回报率更高，但是，诸如台球桌应用或香蕉手机这类看似天马行空的创意也同等重要，因为它们激发出了员工的创造力。通常在“黑客周”活动里，有好想法但是缺乏编程经验的员工都会学习所需的编程技能，然后将他们的想法转化成有价值的产品补丁或者扩展程序。要是员工在安装摄像机、拍摄台球桌时，学到了一些新东西，也不失为一种新鲜的学习体验。

Facebook 每个月都会举办长达 12 个小时的“黑客马拉松”

活动。[18]“黑客马拉松”从晚八点持续到早八点，公司里的每名员工都可以参加，在这段时间里他们放飞思想，尝试各种各样的新项目。活动只有两条规则：第一，项目不能是个人日常工作的一部分；第二，第二天早晨，参与者需要给大家简要汇报自己正在研究的和已经完成的工作。活动办得红红火火，每个月都有数百人参与，以至于到第二天早晨总是挤满了汇报的人。有些人整晚都在编写新的应用程序，Facebook 著名的线上聊天功能 Facebook Chat 就是从一个“黑客马拉松”项目开始的，项目的提出者现在专职负责开发这一功能。有些人把时间花在一些初看之下没什么用处的项目，比如，一个组破解了公司的读卡器，然后将其绑在一个酒桶上。每当有员工刷工卡倒酒时，读卡器会先拍一张照片，在他或她的 Facebook 主页上发布一条状态更新，然后才倒出酒来。尽管这一项目看起来意义不大，但第二天进行项目汇报时，另一名员工看了之后，认为这一项目的用处其实很广泛，不只局限于酒吧。随后，一项类似的技术被开发出来，现在正应用于一些研讨会和贸易展览会上，只要与会者在厂商的摊位或其他区域刷一下他们的工卡，读卡器就会自动在 Facebook 主页上更新他们的状态。

或许没有一家公司能像 37signals 公司一样，将自主工作时间的理念发挥到如此极致。37signals 是一家为企业制作网络应用程序的软件公司。2012 年 6 月，37signals 公司宣布给全体员工整整一个月的时间，随意尝试他们想做的任何事。[19]除了客户服务和服务器维护，员工都将其他日常工作搁在一旁，投身于自己感兴趣的项目中。尽管一开始，员工们确实花了几天时间才适应这种自主工作模式，但后来他们都乐在其中，迫不及待地试验自己的新想法。在这一个月的时间里，有些人自己独立研究，有些人要么召集团队要么加入别人的团队。7 月 11 日，员工们聚集起来参加“推销日”活动（Pitch Day），每个人都会分享自己在为期一个月的研究中获得的成果。一个小组展示了一套全新的客户服务工具，很快就得到了大家的点赞。还有一个小组开发出了一项数据可视化技术，对用户的使用行为进行全面的分析，他们将丰富的用户数据转变为有效的信息来源，解决了困扰公司已久的问题。公司联合创始人贾森·弗里德（Jason Fried）已经下定决心，让这项活动成为 37signals 公司的一个常规活动，持续下去。“经常有人问我，你们怎么是舍得暂停公司业务一个月，任由这些新想法‘浪费时间’的呢？”弗里德写道，“我们为什么舍不得？如果我们只关注业务，绝不会获得这么多的创新能量，”弗里德继续解释道，“如果你不给员工时间让他们震撼你，那你永远也见不到他们最牛的一面。”在管理员工的传统方法中，公司付给员工薪水就是为了让他们完成特定的任务，而不是为了尝试新想法。就连艺术行业也是如此，艺术家受人之托进行有偿创作时，委托人通常会对作品有一定的期待和要求，艺术家不能天马行空地进行创作。这些传统的管理观念之所以变得顺理成章，就是因为它们建立在“奖励越高，工作产出就越好”的假设之上，它们依赖的根基正是“激励神话”。但是我们也看到，麦克阿瑟奖如此独特，就是因为它对获奖者过去从事的具体项目没有任何要求，对于获奖者而言，奖金固然重要，但基金会赋予的研究自主权才是最珍贵的。3M、Twitter 等公司与麦克阿瑟奖都秉承着一个理念，那就是如果有幸在人群中找到了有才干、有创造力的人，那么只有给这些人充分的自由，让他们独立自主地研究感兴趣的项目，真正追随自己的内在动力，才会得到令人惊艳的创新成果。当然，这么做有点冒险，但风险无处不在，就好比你把 50 万美元全给一个孤独的天才，也不一定能获得高质量的工作产出。然而，多项研究表明，我们值得去冒这个险。如果上述公司采取截然相反的方法，把钱浪费在一些激励项目上，人为地制造外在动力，这样对于公司而言，才是真正的得不偿失。

第7章

孤独创造者神话

The Lone Creator Myth

我们喜欢超级英雄的故事，故事里的超级英雄以一人之力拯救全世界。与之类似，我们习惯于把富有开创性的工作或想法归功于某一个孤独的创造者，哪怕他不是唯一的负责人。一谈到创新，我们会自动脑补一些场景，例如：忍饥挨饿的诗人在人烟稀少的公寓里拼命工作；天才画家与世隔绝，直到去世后画作才公之于世；超级发明家靠着绝世的才华在一堆破铜烂铁中工作。虽然我们承认外在因素的确可以给创造者提供一定程度上的帮助，但在我们心中，创新永远都是一个孤独的旅程。这就是“孤独创造者神话”，认为创新是一场个人秀，所有的创新故事讲的都是一个人是如何废寝忘食缔造创新大业的。这个神话在主流媒体中十分畅销，杂志、报纸、书籍里随处可见那些孤独创造者的故事。然而，这些故事忽略了一个隐藏在所有伟大创新和开创性工作背后的真相，那就是故事里的天才们不是一个人在战斗，他们往往拥有团队的支持。但几乎很少有人会想到这些幕后团队以及与天才们紧密相连的关系网。在“孤独创造者”的故事中，他们最多也就是出现在脚注中。

一旦我们意识到创新来自团队的努力，明白怎样去组织最具创造力的团队，那么我们就可以产生出更多伟大的想法。然而现实是，我们常常将卓越的创新成就归功于一个人，这种做法已经不是选择性修正了，而是胡编乱造。最著名的发明创造之一创新的象征——灯泡的故事，就融入了一些虚构的成分。

首先，托马斯·爱迪生在发明出灯泡之前并没有经过上万次的尝试。

我们耳熟能详的爱迪生发明灯泡的故事有三处错误：第一，与其说爱迪生发明了灯泡，不如说他改进了灯泡；第二，不存在爱迪生为寻找适合的灯丝材料所进行的上万次的实验；第三，也是最为重要的一点，他没有真正地全程参与实验。尽管最开始这个故事可能是爱迪生亲口讲述的，但他独自一人在车间中试验上万种材料的故事并不是真事，当时爱迪生讲这个故事可能是为了推销他的发明。但后来，这个故事家喻户晓，甚至成为一个有潜在危险性的神话。

为了追溯灯泡的起源，历史学家罗伯特·弗里德（Robert Friedel）和保罗·伊斯瑞（Paul Israel）汇总了一份 22 人的名单，名单里的人都是在爱迪生申请灯泡专利之前就已经发明出了白炽灯。[1] 其中的一位名叫约翰·斯塔尔（John W. Starr），他早在 1845 年就提交了一份美国专利申请，但不久之后他不幸离世。[2] 当爱迪生提交他的第一份电灯专利申请时，专利局认为他侵犯了斯塔尔先前的专利，因而拒绝了爱迪生的专利申请。后来，爱迪生修改了自己的设计，于 1878 年第二次提交名为“电灯的改进”的专利申请。然而在当时，灯泡中该用何种灯丝材料这一问题仍然悬而未决。

爱迪生在找到最合适的灯丝材料之前究竟进行了多少次实验，不同的史料有不同的记载，700 次、1000 次、6000 次，甚至 10000 次以上，众说纷纭。根据美国史密森博物馆

（Smithsonian）记载的数据，爱迪生测试了 1600 种不同的灯丝材料，从椰子纤维到人类毛发，直到最终确定为碳化竹纤维。[3] 人们难以得知确切的实验次数，大多夸张之词都是爱迪生自己向媒体透露的。爱迪生之所以介绍他满世界地寻找最佳纤维材料，就是为了宣扬发明过程的严谨性，以及这种新灯泡的优势。但不管真正做过多少次实验，爱迪生本人可能并没有亲力亲为。这些工作成就的缔造者其实是门洛帕克[4]（Menlo Park）——爱迪生一生中最伟大的发明。

爱迪生的事业起步于电报业，在电报业，他完成了数不胜数的改进创新，并依靠出售这些专利积累了相当可观的收入。1876 年，爱迪生在新泽西州门洛帕克的乡间小镇投资建造了一间工作室，那里是纽约至费城铁路干线上的一站。经过六年的运作，门洛帕克产出了四百多项专利，被人们称为“发明工厂”。随着时间的流逝，爱迪生独自一人在巨大的厂房中从事发明创造的形象日益深入人心。但其实这与门洛帕克真实的情况相去甚远。爱迪生不是一名孤独的发明家，他组建了一支包括工程师、机械师和物理学家在内的团队，共同从事发明创造。他们完成了很多创新成果，但我们现在将其中的大部分都只归到爱迪生一个人的名下。团队里的人互称为“伙计”，他们在门洛帕克仓库的楼上工作。大约有十四名伙计协助爱迪生工作，包括查尔斯·巴切勒（Charles Batchelor）、约翰·亚当斯（John Adams）、约翰·克鲁西（John Kruesi）、约翰 · 奥特（John Ott）和查尔斯 · 伍尔特

（Charles Wurth）等。在门洛帕克完成的众多专利中，这些伙计的名字与爱迪生并列，甚至排在爱迪生之前。但值得注意的是，只有爱迪生一个人的名字出现在了“电灯的改进”专利上，这项专利于 1878 年提出申请，是在门洛帕克工作室成立两年之后，因此我们有理由推断，爱迪生独立完成这项专利的可能性很小。后来被我们熟知的一些改良专利，比如灯泡、电报和留声机的改良，其实也离不开“伙计”们的辛勤工作，爱迪生则花大量时间与客户打交道，接受新闻媒体采访，招待潜在的投资者，而我们都误认为这些专利是爱迪生一个人的。

门洛帕克的团队致力于多个项目的研究，一些是爱迪生客户的项目，一些是他们自己的客户的项目，还有一些是业余项目，纯粹是做着玩儿的。伙计们亲密无间地合作，有时即便分属不同的项目，也会共用同一个车间。他们彼此共享机械设备，交换信息，传播那些可能有助于其他项目或未来工作的灵感和想法，使得这些灵感和想法相互渗透。除此之外，爱迪生和伙计们会从一个领域的客户那里借鉴想法，然后将其应用到其他领域的发明创造中，他们对这种做法习以为常，不认为有何不妥，在某些情况下，他们甚至还会直接拿其他项目的零部件来用。如果你在位于密歇根州迪尔伯恩的重建后的门洛帕克实验室（它曾被亨利·福特（Henry Ford）拆解，运到别处组装成了一间博物馆）中穿行，你会看到不少缺失零部件的原型机器。这些缺少的零部件并不是在运输或重建过程中遗失的，而是当年被伙计们自己“偷走”转用于其他的项目的。伙计们觉得需求重于泰山，只要需求足够重要，他们甚至会从正常运转的机器上拿走零件，也正因如此，他们的名声并不好。门洛帕克拥有广泛的客户群，这些客户为爱迪生和伙计们提供了大量工作。但我们不禁要问，既然门洛帕克的伙计们孕育出了这么多新想法，那为什么我们听到的那些耳熟能详的故事中没有他们的名字呢？这实在是令人匪夷所思的。其实这不是偶然，而是有意为之。

随着工作的开展，伙计们很快意识到爱迪生这个名字所蕴含的巨大能量。他们发现，每当他们宣传想法或者试图把想法卖给潜在客户时，听众们似乎对“所有想法都是一个人的”这种说法更买账，尤其当这个人是爱迪生的时候。在拉投资的过程中，很多伙计发现爱迪生这个名字所承载的威望实在是太有价值了，所以他们开始把爱迪生推向神坛，把爱迪生塑造成一个神话般孤独的天才。比起爱迪生与伙计们并肩战斗，爱迪生单打独斗的说法获得了更高的宣传度。甚至连广为流传的爱迪生满世界寻找灯丝材料的故事，也极有可能是他们为了吸引众人对灯泡的关注而设计出的宣传说辞。事实上，早在故事流传之前，爱迪生就已经在车间里的一把折扇中找到了能制成灯丝的竹纤维材料。对于不了解门洛帕克的人而言，爱迪生是一个孤独的发明天才，拥有惊人数量的发明创造。然而，据爱迪生的长期助手法兰西丝·杰尔（Francis Jehl）透露，门洛帕克内部的人都明白，“爱迪生其实是一个集合名词，代表许多人的工作”。

人们对“孤独创造者神话”很买账，所以爱迪生的团队就充分利用了人们的这种心理。对于他们来说，只要能获得资金，能支撑他们继续进行发明创造，屈从于这个神话是值得的。事实上，这个神话并非只在技术领域中传播，它几乎出现在所有创新领域。在艺术领域，我们想象着米开朗琪罗独自坐在脚手架上，孜孜不倦地绘制着西斯廷教堂的天花板。而事实上，米开朗琪罗组建了一支包括 13 名艺术家在内的团队来协助他完成这项工作。[5] 在电影领域，曾获奥斯卡金像奖的编剧朗·贝斯（Ron Bass）的背后有一个由 6 名作家和研究员组成的团队，协助他草拟剧情分镜头脚本及编写剧本，这种团队合作的模式已经帮助贝斯完成了 16 部故事片的编剧工作，共赚得超过 20 亿美元的利润。那些“孤独创造者神话”的拥护者们往往会批判贝斯的合作方式，对这些纯粹主义者来说，编剧也应该是一个人孤独的旅程，不应该有其他人的参与。但事实上，我们在看待像爱迪生、米开朗琪罗和贝斯这样的人时，不能只把他们当做单纯的创造者，还应当注意到他们的另一个身份——企业家，他们的名字就是一块响当当的金字招牌，有了这块金字招牌，再加上团队的协作运作，客户纷纷慕名而来，进一步提升了他们的影响力。

除上述领域之外，处于“孤独创造者神话”统治之下的还有科学领域。1995 年，凯文·邓巴（Kevin Dunbar）决心在科学领域中研究协作是如何发生的。邓巴是加拿大麦吉尔大学的一名心理学家，他设计了一项与众不同的实验，他没有采用心理学研究中惯用的科学探究方法，而是效仿人类学和人种学的研究方法，进行田野调查。一般的心理学研究需要先采集样本人群，然后让参与者完成问卷调查或一系列测试。但人类学和人种学的研究与之不同，着重观察样本在真实环境下的行为表现。在邓巴的实验中，“真实环境”指的是微生物学家的研究实验室。邓巴在 4 个著名微生物实验室中架设了摄像机，目的是研究微生物学家的那些突破性发现是在何处以何种形式产生的。[6] 与艺术、发明领域一样，科学领域也常常奉“孤独创造者神话”为圭臬，将团队集体的努力归功于论文的第一作者或者列表中最有名的人。然而，邓巴的研究发现，科学家们的突破性发现通常并不像人们想象的那样，诞生于独自一人从事研究的实验室；相反，它们最常产生于会议桌上。这 4 个实验室产生的大多数重要想法都来自实验室例会，研究员们会定期参加实验室例会，共同分享信息、讨论失败的实验和新奇的发现。当科学家分享他们的研究发现时，团队中的其他人可能会由此联想到自己的项目或学术网中其他科学家的项目，从中借鉴经验；当科学家分享失败的实验时，团队中的其他人也会分享类似的经历以及自己当时是如何解决的。正是在这些关系联想中，孕育出了创新的解决方案。但有趣的是，后来当邓巴对这些科学家跟进采访时，他们却无法确切地回忆起灵感从何而来，所以他们开始虚构记忆，有些人甚至在记忆中构建出了自己的故事，几乎没有人会想到那些再寻常不过的实验室例会。

邓巴还发现成员多元化的团队能产出更多的创新，产出意义更为重大的研究成果，在这种团队中，人们的背景不同，研究的项目也不同。以上说明就工作模式而言，在微生物这种前沿和专业的领域中，高大上的科学家们与爱迪生的伙计们没有什么差别，都是并肩工作，互相分享不同的知识。然而，邓巴的研究没有告诉我们，团队要达到怎样的多元化程度才能拥有理想的创造力，为此，我们不得不将目光从微生物实验室转向百老汇舞台。

仅凭一人之力是无法完成一部百老汇音乐剧的，哪怕是所谓的“个人秀”也需要一大群人来完成剧本、舞台、灯光，以及从初步构思到首场演出整个过程中涉及的一切。这种协作需求吸引了两位管理学教授的注意，他们是美国西北大学的布莱恩·乌兹（Brian Uzzi）和欧洲工商管理学院的贾勒特·斯皮罗（Jarrett Spiro）。乌兹和斯皮罗希望弄清楚对于一个团队而言，多元化和协作的程度对团队创造力的影响有多大，以及它们在多大程度上影响一部百老汇音乐剧的质量。大多数百老汇的艺术家们会同时在多个音乐剧中工作，与不同团队的成员建立良好的合作关系。有些时候，艺术家们会发现不管在哪个项目组，自己的合作伙伴总是同一群人；也有些时候，他们会在不同的项目组中结识新的人脉，展开新的合作。为了考察这些合作关系的紧密性和多样性是否会在某种程度上影响演出的质量，乌兹和斯皮罗专门进行了一项研究。

乌兹和斯皮罗对 1945 年至 1989 年百老汇制作的音乐剧进行了一个梳理，几乎涵盖了这段时间内的所有剧目[7]，甚至连那些在试演阶段就夭折的剧目也囊括其中，因为虽然剧目没有公演，但前期制作肯定离不开艺术家们的合作。收集所有信息绝非易事，有些记录可以很容易地从之前的研究中获得，但更多时候，研究团队需要从浩如烟海的资料中搜寻原版剧目海报或当年的杂志评论，如大海捞针。“在那时，还没有百老汇网络数据库”，斯皮罗讲述道，“为了建立百老汇音乐剧数据库，保存每部音乐剧的完整信息，我们只好搜集多种渠道的信息，手动将这些数据输入数据库中。有时为了补全数据缺口和特定剧目缺失的信息，我们不得不在微缩胶片上浏览过去数十年发行的《Variety》杂志[8]。”终于，他们建成了一个囊括 474 部音乐剧和 2092 名艺术家的数据库，包括科尔 • 波特（Cole Porter）、安德鲁•洛伊•韦伯（Andrew Lloyd Webber）等众多百老汇传奇人物。数据库一经建成，乌兹和斯皮罗二人就对每一部音乐剧进行了详细的分析，希望还原出在当时的制作过程中，制片人、作家、演员和舞蹈编导之间复杂的协作关系。他们的研究表明，百老汇音乐剧的世界是一个名副其实的密集、互联的网，在这张大网中，很多人共同参与一部音乐剧的制作，完成后回到各自的轨道中，几年后可能又会在另一部新剧中碰到熟悉的面孔。现在，百老汇的这种动态关系网被人们称为“小世界网络”（small-world network），在这片沃土上，团队在结合、协作、解散的周期中循环往复下去。

为了衡量一个制作年份中团队的协作程度，乌兹和斯皮罗定义了一个名为“小世界商”（Small-World Quotient）的指标，简称 Q 值。Q 值用于衡量某一给定年份中百老汇制作团队多元化或同质化的程度。Q 值高，说明团队成员关系密切，相互了解，参与协作的艺术家更多。Q 值低，说明团队成员彼此不太熟悉，几乎不会进行协作。乌兹和斯皮罗计算出了 1945 年至 1989 年每年的 Q 值，与音乐剧在当年取得的票房和口碑进行比较。基于我们对团队的了解，我们会做出以下合理假设，即制作团队的 Q 值越高，成员们在过去合作的次数越多，团队就越有可能制作出新颖、成功的剧目，业绩斐然。但结果出乎人们意料，乌兹和斯皮罗的研究发现，这种假设只在某种情况下成立。随着 Q 值的上升，音乐剧票房和口碑的变化趋势呈现倒 U 型，而并非一条线性增长的直线。乌兹回忆道，“当我第一次看到这个结果时，我觉得这简直是重大发现，这是首次使用大数据证实协作的网络结构与艺术家的创新成就息息相关。”[9] 随着 Q 值的上升，网络结构的多样性随之增加，那一年取得的票房和艺术成就也相应提升，直到 Q 值达到最高点，之后的变化趋势则相反。乌兹和斯皮罗通过计算得出，如果 Q 值的范围是 1~5，那么最优 Q 值大约为 2.6。当 Q 值为 2.6 时，在那一年音乐剧引起轰动的几率要比最低 Q 值的年份高出 2.5 倍，音乐剧收获赞誉的几率也会高出 3 倍。

乌兹和斯皮罗的发现证明了团队协作的优势和脆弱性。背景不同的人在一起群策群力，可以提升一部作品的创造力。此外，团队协作的紧密程度也会影响团队的表现，试想如果把一群完全陌生的人放在一起，强迫他们一起工作，他们在交流想法时肯定会遇到问题。但如果人们对彼此太过熟悉，对创造力也不是那么有利，因为在这种情况下，艺术家们的背景和经历相似，导致他们用于创新的原材料也大同小异，因此无法产生真正有新意的想法，这也是一种“群体思维”[10]。只有建立在紧密的团队合作和全新的视角二者基础之上，团队中的协作才会增加成功的可能性，在这种情况下，成员们可以迅速建立起协作的常态，而且由于团队中有新面孔的加入，成员们可以从他们与众不同的经历和知识中学习、受益。“最佳创新团队是融合了新老员工的团队，因为只有在引入新颖的想法后，创新才可能会发生，从而得到切实可行、发展前景良好的产出”，斯皮罗解释道，“新员工为团队带来新颖的想法，老员工则知道怎样让大家拧成一股绳，齐心协力将这些新颖的想法转化成有价值的产出，新老结合，事半功倍。”[11] 为了达到最佳的多元化程度，整个百老汇需要搭建一张大网，将新鲜多样化的面孔与资深员工完美结合起来。乌兹认为：“团队成员的轮换对于创造力至关重要，虽然在轮换过程中，成员需要先了解对方以及对方的工作习惯，这会在一定程度上降低团队成员之间的沟通效率，但是，轮换仍然利大于弊。”绝佳的多元化团队可以使艺术家彼此间的互动更加高效，因为他们既可以毫无障碍地沟通，又可以从融入的新想法中受益。

乌兹和斯皮罗的发现很好地解释了邓巴的实验，即团队越多元化，越能产生出创造性见解和突破性成果。如果所有科学家的背景都相同，做的实验也相同，那么他们能想到的科学解释也必定相同。然而，如果在实验室里，来自不同领域的人们各自进行着不同的实验，那么每个人都能从其他人身上汲取经验和知识，会受益匪浅。当科学家在实验中遇到挫折、发现奇怪现象时，背景相似的科学家往往也会束手无策，而只有背景不同的科学家才可能给出最佳的科学解释。在爱迪生与伙计的例子中，情况同样如此，爱迪生招募的伙计来自各行各业，除了电报业外，他招募了很多工程师、机械师和科学家，他创建了一张大网，包罗了背景各异的伙计们，建立了一支多元化的团队。除此之外，伙计们会同时进行多个项目的研究，而不是每次只局限于一个项目，他们会根据项目的需求组建团队，也会在项目完成时解散团队，继续投身于其他项目。由此可见，在爱迪生的团队中，伙计们达到了一种新旧结合——新视角和旧经验的最佳融合状态。

综上所述，邓巴以及乌兹和斯皮罗的发现都与“孤独创造者神话”背道而驰，他们都揭示出创新是一项团队工作，不是一个人孤独的旅程。当团队将成员的全新视角与共同经历健康地融合起来时，团队的发展便会蒸蒸日上。那些创意来源广泛并善于分享的团队最有可能产出创造性成果。如果最富创造力的团队是建立在新老员工的融合之上，那么最富创造力的公司就是一个独立的小世界网络。如果一家公司能建立成一个小世界网络，让合适的人按需组成团队，那么这种人员上的完美融合将会促进员工的高效沟通，公司也能够在持续创新的道路上越走越远，成功指日可待。

如果现在让你列举几个创新网络蓬勃发展、团队人员完美融合的地方，映入你脑海的可能是以下几个城市：纽约、旧金山和巴黎，几乎不会有人想到马萨诸塞州的牛顿市。但在那里，一个名不见经传的合伙人创建了一个名为 Continuum 的设计创新公司，对包括消费品、金融服务、体育用品、零售设计甚至医疗设备在内的众多领域都产生了巨大影响。[12] 自 1983 年成立以来，Continuum 已经从一个小商店发展成为一个拥有两百名员工的公司，办公室分布于全球多个城市，包括洛杉矶、首尔、上海和米兰。不到 30 年的时间，Continuum 公司已经获得超过 200 个设计类大奖，其中包括 75 个国际设计杰出奖（International Design Excellence Awards）。该公司设计的创新产品覆盖面相当广泛，包括但不限于医疗器械、新型银行模式、工业机器人、锐步 Pump 鞋以及速易洁产品线（干、湿、除尘）等。

与 Continuum 公司洽谈的客户大多是为了设计新产品、新服务或提升用户体验，但不同客户的产品和服务所处的阶段千差万别。有的需要完成调研和前期概念性工作，有的需要深入研究以制定关键发展战略，有的需要攻克技术难关，有的则需要开发一个复杂的医疗设备或新型商业模式。客户通常是带着一个问题找到 Continuum 公司，又带着另一个问题离开。这是因为 Continuum 公司的团队为客户提供了多样化的视角，使得客户可以跳出眼前的条条框框，从更广阔的角度看待用户的需求。“公司刚起步时，我们把大多数项目都定义为‘零阶段项目’，从零阶段开始做起”，Continuum 创始人詹弗兰科・扎卡伊（Gianfranco Zaccai）如是说道。[13]“零阶段其实是暂时把客户的具体要求放在一边，不是去考虑客户让我们做什么，而是真正去理解我们要创新的产品的背景，零阶段的理念现已发展成为我们的战略工作，是公司业务的重要组成部分。”

为了实现创新目标，扎卡伊组建了一支多元化的团队，成员包括传统设计师、工程师、心理学家、艺术家、工商管理学硕士和人类学家。“我们希望让设计和创新成为真正意义上的统一体，多学科共同协作，集客户的知识深度与我们的知识广度于一体，融会贯通”，扎卡伊说道。根据项目的需要，不同专业领域的员工会组成一个团队，齐心协力在项目中贡献自己的力量，员工们有时会同时进行多个项目的研究工作。Continuum 注重保护客户的隐私，使客户无后顾之忧。设计师能接触到各式各样的设计和商业上的挑战，使来自不同行业、生活经历和文化视角的想法相互交织，相互影响。团队中至关重要的一环是来自客户的声音，这些声音不是由员工从目标群体中搜集来的，而是通过在人类学研究过程中深入观察普通人的生活得来的。

保洁公司曾找到 Continuum 公司，打算在家庭地板清洁领域开发一款新的清洁工具或一项新业务，随后，一款具有革命性意义的速易洁除尘拖（Swiffer Wet Jet）就问世了。Continuum 公司长期研究了人们在生活中是如何清洁地板的，他们发现很多人清洁拖把的时间几乎和清洁地板的时间一样多，而且地板上的污垢被脏拖把弄得到处都是，很难去除。保洁公司需要开发一款新产品，既能加速清洁过程，又能使整个过程干净、优雅。这项新挑战意义重大，不仅要让用户的地板更干净，而且要让拖地板的方法更加干净快捷，正所谓“授人以鱼不如授人以渔”。基于这种设计思想，Continuum 公司的团队设计出了一种新型的清洁工具。简单来说，就是在一根杆子上绑上湿毛巾，一旦毛巾脏了，就可以很方便地换掉，这样，用户清洁地板的过程便可达到真正的“速易洁”。

在 Continuum 公司内部的团队中，大家在协作过程中会分享各自的看法和观点，展开热烈的讨论，并捍卫各自的立场，争论也就时常发生。与很多公司不同，在 Continuum 公司中，最终的“获胜观点”不是某一个人的，而是综合参与讨论的每个人的专长共同得出的结果。在综合多方观点的过程中，大家的目标一致，都是为了让最终用户在使用产品时，有一种美妙的体验，同时对于客户公司来说，解决方案是经济实惠的。Continuum

公司的设计师们坚信，只要将他们自己的经验、对用户的了解和客户所拥有的能力三者综合起来，就能够产生真正造福于全世界的创新设计。Continuum 公司这种无秩序的协作可能看起来像一场“群殴”，但实际上，突破性的创新成果正是由此产生的。

1998 年，锐步公司想要设计一款新产品，以应对竞争对手耐克公司推出的新技术 Air。Air 技术通过在鞋跟内部集成一些特殊的材料，为运动员提供良好的反弹支撑力，这项创新技术（结合迈克尔·乔丹（Michael Jordan）的号召力）使耐克公司大获成功，一举超过锐步公司而成为美国最大的鞋类生产商。于是锐步公司向 Continuum 公司寻求帮助。经过初步调研，Continuum 公司得出结论，开发一个与耐克公司自称为“反弹支撑力”类似的系统是不现实的。“我的合伙人杰里·钦德勒（Jerry Zindler）是一个训练有素的物理学家，他曾参与过这个项目，经过物理学分析认定，小范围改进是行不通的”，扎卡伊回忆道，“我们想出了很多能提供反弹力的系统，但都没有什么实质性改变。”锐步公司想设计出一个相似产品是根本行不通的。“那就是一种模仿”，扎卡伊坦白说道。为了能在市场上一炮打响，锐步公司需要开发出一种全新的产品。在 Continuum 公司团队进行研究的过程中，为了深入了解球员们对运动鞋的需要，他们特意观察了一个高中篮球队的训练过程。他们发现，不论鞋子太紧或太松，都会影响到处于成长期的孩子们在球场上的表现，他们还发现，因为孩子们的脚长得很快，父母们不得不每几个月就给孩子购买新鞋，很多父母因负担不起这笔开销而黯然神伤。同时，扎卡伊回想起之前波士顿凯尔特人队的一名著名球员因脚踝受伤，几乎整个赛季都只能坐冷板凳。

对于大多数人而言，正处于发育阶段的脚和受伤的脚踝看上去似乎毫不相关，但正是这二者的结合，帮助 Continuum 公司的团队产生了全新的想法。“如果我们将脚踝固定住会怎样？如果我们能提供一种真正轻量级的固定脚踝的方法，使你在打篮球的时候充分发挥出实力，同时还能为孩子们提供与 NBA 球员一样的量身定制的运动鞋，又会怎样？”在实现新想法时，扎卡伊回忆起过去他曾设计过的一个概念性项目——充气式模具，它可以用空气固定住受伤部位，比如受伤的滑雪者被送去急救时，滑雪巡逻人员能用它将伤者跌断的腿或胳膊固定住，起到保护的作用。Continuum 公司的团队意识到，如果他们把这种充气式气囊放在鞋帮周围，那么就可以保护脚踝，减少损伤的发生，而且不会显著增加鞋子的重量。在 Continuum 公司的团队中，一些成员拥有丰富的健康护理方面的经验，他们建议使用可靠性高且价格低廉的静脉注射袋，静脉注射袋仅由两片塑料压合而成，他们可以稍加改动使其成为气囊，放入运动鞋中，这样一来，便完美地实现了他们的想法。Continuum 公司的团队还意识到，气囊中最合适的压力大小应该由穿鞋的人来决定，为了满足这一要求，他们想到一种便捷可行的方法，就是将气囊集成到运动鞋中，而不是作为一个单独的设备存在。随后，

Continuum 公司的工程师们开发出了一个可以植入鞋子内部的组件，这样在鞋子生产过程中，就可以相对容易地把气囊植入其中。就这样，锐步 Pump 鞋诞生了。

对于锐步公司而言，这是一个革命性的创意。对于 Continuum 公司的团队而言，正是由于他们将不同领域的经验和知识相结合，这个新想法才得以诞生。诚然，任何一个设计团队都有可能想出可充气鞋的点子，但在设计过程中，Continuum 公司对不同领域的专业技能进行融会贯通，这使得他们能够更快速地找到正确的想法，在原型产品上进行测试，证明市场价值，然后又快又经济地将想法转化成产品，干净利落。总的来说，Continuum 团队拥有足够丰富的经验，他们通过深入的调研弄清了客户的真正需求，并与锐步公司达成共识，将这些想法投入生产和市场中。他们找到熟悉的供应商，利用已掌握的技术生产出一款全新产品，改革了锐步公司的产品线。整个项目的成本不足 45000 美元，但产品投入市场后不久，好评如潮，为锐步公司带来了超过 10 亿美元的销售额。

Continuum 公司的众多创新成果和锐步公司的 Pump 鞋不是某一家公司努力的结果，而是 Continuum 公司、锐步公司和包括静脉注射袋厂商在内的多个供应商共同协作产生的结果。同样，Continuum 公司也不能将功劳归功于某一位设计师。真正应当获得赞誉的是 Continuum 公司内部的协作系统，它创建了一家像网络一样运转的公司，设计团队根据项目的需要进行组建和重组。依靠过去取得的工作成果和现有的设计师，Continuum 公司建立了一个能持续闪现创新火花的协作网络。“当我们接到一个新项目时，首先会去思考什么样的团队能带来最有价值的信息，然后就去组建那样的团队”，扎卡伊解释道，“所以我们与客户保持密切的合作关系，就是为了深入理解他们的问题，然后寻找合适的人来解决。”与斯皮罗和乌兹得出的研究结果一样，锐步公司新设计的 Pump 鞋大获成功的原因，离不开 Continuum 公司和客户公司的各种各样人的努力，正所谓“众人拾柴火焰高”。

无论是爱迪生的伙计们、邓巴研究的科学家们抑或是 Continuum 公司的项目团队都告诉我们，将不同领域的经验进行恰当的融合，加以有效的知识分享，会带来突破性的创新成果。然而，“孤独创造者神话”让我们忽略了这种多元化团队的重要性，只把功劳记在某一个人的名下。这个神话其实有害于我们的创造力，如果我们始终坚信创新是个人努力的结果，那么极有可能让自己脱离协作网络，而那些网络恰恰是我们需要的。我们总是试图模仿那些幻想出来的天才们，比如忍饥挨饿的诗人、隐居的画家或者我们听说过的孤独发明家，认为只要跟他们一样，就能产生更多伟大的想法。然而，一些世界上最富创造力的公司都深知多元化的重要意义，他们会确保团队成员的轮换，团队在结合、协作、解散的周期中循环往复下去。公司如果赋予员工权利，让他们根据个人兴趣和过往经验来组建团队，那么员工的创造力潜力将会大幅提升。Continuum 公司最重要的创新成果绝不是一双新鞋或一种新型扫地拖把，而是公司的协作工作流程，从中我们可以学习怎样建立一个最佳项目组，以及怎样在项目组中保证新观点和旧经验持续地融合在一起。正是由于这些多元化团队的存在，类似锐步公司 Pump 鞋的创新产品不再是 Continuum 一家公司的专属，诸如此类的产品创新每天都在发生。

第8章

头脑风暴神话

The Brainstorming Myth

每当公司需要集思广益、发挥员工创造力时，大多数公司会选择如下方式，组织一队人马，让他们进到一间屋子里，给他们准备好白板笔、便利贴，然后让他们八仙过海，各显神通，想出尽可能多的点子。简而言之，他们正在进行头脑风暴，更确切地说，他们以为自己在进行头脑风暴。他们对“头脑风暴神话”深信不疑，认为只要有伟大的想法，创新自然手到擒来。因此，只要能想出尽可能多的想法，就总有一个是十拿九稳、值得他们赌一把的。只要他们聚在一起，抛出各种想法，就一定能从成堆的想法中筛选出想要的那个——一个足以昭告天下的想法，只要经历过头脑风暴，就万事大吉了。在他们的创新过程中，头脑风暴既是起点又是终点。颇具说服力的是，绝大多数有关创造力和创新的书籍都在强调这个神话。在市面上，随便翻开一本标准的创造力书籍，里面全都是教你怎样在短时间内想出大量的点子。不论是独自一人进行创新还是与人合作进行创新，快速地构思出想法，都被视为创造力的精髓而被人们加以强化。“头脑风暴神话”之所以如此流行，是因为头脑风暴作为一种构思想法的方法，本身并没有什么坏处，而且构思想法是创造力的重要组成元素之一，如果执行得当，头脑风暴的确能帮助团队从大量的想法中挑选出最新颖且实用的。但问题就在于，头脑风暴很少能被正确执行，有时甚至根本没有执行的必要。

20 世纪 80 年代中期，啤酒业不能算一个具有创造力的行业。当时，三家大型啤酒公司霸占整个市场，分别是安海斯布希公司(Anheuser-Busch)、库尔斯啤酒厂(Coors)和米勒公司(Miller)。为了将行业中的竞争降到最低，他们采用两种方法：一种是并购较小规模的行业新贵；另一种是模仿小型酒厂的产品，利用他们庞大的销售网来排挤小型酒厂。当时，如果顾客想喝到与众不同的酒，只能选择其他国家的进口货。美国市场上的产品几乎全是清淡型拉格啤酒（light lagers)，很多人觉得喝起来口感都一样，就是牌子不一样而已。

1984 年，吉姆·科赫（Jim Koch）决心以科赫家族第六代传人的身份进入啤酒行业，但他的父亲十分不满。在科赫放弃一切投身于酿酒行业之前，他拥有三个哈佛大学学位，在波士顿咨询集团工作，事业有成。“我告诉爸爸，我想辞职去延续这项有 150 年历史的家庭传统，我曾以为这会是父子间温馨的一刻”，科赫回忆道，“而父亲只是看着我说，‘你一生中会做不少蠢事，这绝对是最愚蠢的一个’。”[1] 基于自身的教育背景和经商经验，科赫知道，如果他想参与竞争，他必须得拥有一些真正与众不同的东西，让自己的酒厂与三大巨头区别开来。在准备进行产品推出和市场营销活动之前，大多数人都能想到这点，为了确定合适的战略，他们会绞尽脑汁想出很多潜在产品的点子，然后加以验证，以确定哪些能得到市场的偏爱。但科赫不走寻常路，他出去喝了一杯。

在与父亲那次不愉快谈话之前，科赫还在犹豫该不该开办自己的酒厂时，他去过当地的一家小酒馆。他坐在一把高脚凳上，融入周围的人群，他注意到离自己不远处的一个男子正在喝喜力啤酒（Heineken），那是从荷兰进口的一款高价啤酒。[2] 于是，科赫问他为什么选择喜力啤酒，“我喜欢进口啤酒”，男子回答道。科赫问他口感如何，“喝起来有股臭味（skunky）”，男子如是说道。这个令人诧异的坦白回答解释了男子之前说自己偏爱进口啤酒的原因。臭味是啤酒行业的一个术语，用来描述啤酒变质后的口感。啤酒同其他所有食品一样都有保质期，暴露在阳光下会大幅缩短其保质期。光照越多，啤酒变质越快，喝起来越臭。进口啤酒通常需要经过长距离的运输，它们被封装在透明或绿色瓶子中，与传统的棕色瓶子相比，前者过滤掉的光线更少，因此受光照就越多。就在与这个男子聊天的过程中，科赫突发奇想，与其和三大啤酒厂正面竞争——很多人都尝试过，但最终都失败了，倒不如用更新鲜口感的啤酒在高端进口市场与它们一争高下。“它们的整个商业模式就是把有臭味的啤酒卖给美国人，并用古老印象来掩盖啤酒的不足”，科赫说道。在与一个陌生人短暂交谈后，科赫心中浮现出了新产品的定位——一款留给人们古老印象的高端啤酒。

有了想法之后，科赫没有立即去建立实验室，试验各种各样的配方，而是直接去了他父亲的住所。“我走上阁楼，拿出曾祖父的配方，路易斯科赫淡啤酒（Louis Koch Lager），‘真是好酒’”，科赫回忆道，“我把配方拿回家里，在厨房里尽我所能去制作啤酒。当陈酿步骤完成后，我尝了一口，知道就是它了。”

科赫利用祖传配方制成了山缪亚当斯波士顿淡啤酒（Samuel Adams Boston Lager），现在是科赫的波士顿啤酒公司旗下的旗舰产品。要想把这份祖传配方转变成高速发展的啤酒公司的核心产品，吉姆·科赫（Jim Koch）还有很多工作要做。他需要研发新产品，创造市场商机，以及向广大客户普及最基本的生产啤酒的知识，让顾客明白他的产品为何能脱颖而出。不管怎样，正是由于科赫最开始的一个想法，波士顿啤酒公司已经成为美国最大的精酿啤酒公司。

尽管科赫的啤酒产品仅占美国啤酒市场的大约 1% 的份额，但他的公司却为整个啤酒行业带来了深远的影响。很多人认为科赫单枪匹马开启了美国精酿啤酒的革命。如今，在美国大约有 1500 家精酿啤酒厂，他们在酒中注入包括可可粉、浆果、咖啡，甚至树种子在内的各类辅料，为市场带来大量的创新酒品。[3] “我想让美国精酿啤酒和美国啤酒文化成为酿酒工艺的典范，得到全世界的认可”，科赫说，“我想让世界其他地方的人都羡慕美国，因为那里有全世界最好的啤酒。现在梦想成真，为了能在世界其他地方的市场中立足，我们将继续努力创新，精益求精。”波士顿啤酒公司将自己定位为引领变革的公司，在公司将近 30 年的历史中，发布了 40 余种不同类型的啤酒，其中包括季节性产品以及与全球范围内其他啤酒公司合作的产品。如今，波士顿啤酒公司乃至整个啤酒行业都极具创造力，很难想象这些全部来源于一次酒吧闲聊和一张祖传配方。“对我个人而言，这些想法其实来自现实世界”，科赫说道。因为他发现在生活中，想法无处不在，从会见批发商到走访零售店、酒吧查看产品，都能产生新想法。被很多人奉为圭臬的“头脑风暴神话”讲的是，如果你想获得有创造性的点子，只要构思出大量点子即可，但科赫采用的方法与这一神话背道而驰。

当然，波士顿啤酒公司在研究新的市场营销策略或新的产品配方时，可能会从头脑风暴会议中得到些许帮助。但是，公司的主要产品和所取得的大部分成就并不是通过这种快速产生想法的方式得来的。两次诺贝尔奖得主莱纳斯 · 鲍林（Linus Pauling）的话“找到最好方法的绝佳之路就是有很多的想法”是千真万确的。[4]但头脑风暴的问题以及“头脑风暴神话”广泛流传的原因有两个：一是头脑风暴被当成唯一一种产生想法的方式；二是人们进行头脑风暴的方法不恰当。

头脑风暴，或快速产生想法、创意，是发挥团队创造力、产生新颖想法的一种有效途径。然而，创造力不仅是新颖的想法，想法还必须具有实用性才能称得上真正的创新。为了确保想法有实用价值，除了头脑风暴，你还有很多其他事情要做。“大多数公司在进行头脑风暴时，效率都不太高”，凯斯 · 索耶（R. Keith Sawyer）说道。[5]索耶是创造力、协同合作领域最为著名的研究者之一，他是圣路易斯华盛顿大学的一名教育学、心理学、商业学教授。索耶曾花数十年的时间从事与创新过程相关的研究，他在心理学家米哈里 · 希斯赞特米哈伊的指导下完成了博士论文。让我们回忆第 2 章，希斯赞特米哈伊的研究提出创新过程有五个阶段，索耶的工作建立在博导希斯赞特米哈伊的研究基础之上，索耶广泛总结了其他研究成果，并与自己的研究相结合，构建出一种创新过程模型。对于索耶而言，这项研究意味着他不仅要采访很多人，还要阅读大量研究文献，从所有资料中综合提炼出一个统一、连贯的创新过程。

索耶将现有的全部资料研究过一遍之后，得出结论：个人和团队想要产出创造性工作，需要经过以下八个不同阶段。[6]

- 发现和定义问题。灵感的火花通常在你找到一个好问题，或者以新颖的方式提出问题，抑或另辟蹊径考虑问题的时候突然闪现。
- 准备相关知识。无论是产生新颖实用的想法，还是对它们进行评估，都需要大量的相关领域知识。
- 收集可能的相关信息。领域内的知识固然重要，但有时最佳解决方案常常离不开领域之外的想法和理念。
- 抽出时间酝酿。正如第2章讨论的那样，潜意识需要时间去处理信息，以新的方式关联所有信息。
- 产生多种多样的想法。酝酿阶段过后，众多想法和连接浮现出来，由显意识进行处理。
- 以意想不到的方式连接想法。正如第4章讨论的那样，很多创造性想法都来自对已有想法或发明的重新组合。

- 选出最佳想法。能得到新颖的想法固然很好，但高效的创新人士必须有能力识别出哪些想法既新颖又具有实用性，以便对其进行进一步研究。
- 展示想法。仅有创造力还不够，想法需要与外界打交道，从而得到进一步的完善、转化和演变。

索耶提出的八阶段创新过程并没有取代头脑风暴。相反，索耶从更全面、更宏大的角度看待创新过程，索耶承认头脑风暴能发挥巨大潜力，如果恰当地进行头脑风暴，它可以成为第五阶段的一部分，用来产生大量想法。这样说来，头脑风暴其实是一种发散思维[7]的方法，但它同时需要配合聚合思维[8]，二者共同推动最优想法的实现。当想法被连接和评估时（第六、七阶段），聚合思维发挥作用。与发散思维和聚合思维同等重要的是在头脑风暴之前的信息收集阶段（第二、三阶段）。如果缺乏正确的知识，那么很难得到正确的想法，也很难评估哪些想法最具潜力。如果我们将头脑风暴看成是八阶段创新过程中的一个阶段，那么它就成为能帮助我们产生新颖实用想法的最佳工具之一。然而，正如前文所述，在实践中，头脑风暴很少能被有效地执行。大多数人都把头脑风暴简单地与“召集一大群人，大家七嘴八舌抛出可能的想法”画上等号。想法被抛来抛去之后，最终结果往往是屋子里说话最大声或者级别最高的人“迫使”大家围绕他的初始想法达成一致。这不仅有悖于索耶提出的创新过程，也违背了头脑风暴的原创者亚历克斯·奥斯本（Alex

Osborn）的想法。

如今，头脑风暴经常被滥用、误用，以至于你很难想到它还有一个原创者。1957 年，奥斯本首次提出了头脑风暴的流程，[9] 奥斯本是知名广告公司美国天联（BBDO）的一名联合创始人，他还是首批商业领域创造力书籍之一《应用想象力》（*Applied Imagination*）的作者。奥斯本的书整理了他和他的团队在天联公司采用的创新流程。在《应用想象力》一书中，奥斯本第一次创造了“头脑风暴”这个单词，他研究了他的广告团队进行协作的环境，并发现当他们遵循以下规则时，团队的创造力被最大限度地激发出来：

- 想出尽可能多的想法。
- 先不要对所有想法妄下评论。
- 鼓励异想天开的想法。
- 在每个人的想法之上建立新的想法。

奥斯本相信，相较于团队聚集在一起“抛出想法”的标准常规做法，遵循以上规则会大幅提升团队的创造力产出。事实证明他是正确的，研究表明，与自由式的协作相比，恰当地进行头脑风暴，尤其是在经验丰富的主持人带领下，能产生更多、更高质量的想法。[10] 头脑风暴的确行之有效，但它无法单独奏效。

连奥斯本也承认，如果人们聚在一间屋子里，单单进行头脑风暴是不足以产生真正有创造性想法的。他认为，想要得到创新的想法和解决方案，需要花时间考虑三件事——事实、想法和解决方案。奥斯本相信，在每一件事上，富有创造力的团队都需要付出足够多的时间，全力以赴。团队应当先花时间讨论事实和相关信息，磨刀不误砍柴工，而不是像很多进行头脑风暴的人一样直奔解决方案。只有先完成前两件事，才能进行想法的评估。实际上，奥斯本创建了一个三阶段过程，与索耶提出的八阶段过程类似，三个阶段分别为发现事实、产生想法和评估解决方案。

此外，绝大多数人进行头脑风暴时，将想法孤立地视为单独的实体，而不是把它当成构建更多想法的基石。“很多人将头脑风暴视为一种累加方法，我们只是在增加想法的个数”，索耶解释道，“但那不是团体的力量，团体的力量来自于协同作用，远远超越累加作用。最具创造性的公司都会在头脑风暴会议之前，让成员提前有所准备，先想出一些想法，再进行头脑风暴。团体的真正强大之处在于想法的交换，让想法在碰撞交织中互相增强，用意想不到的全新方式融合起来，这是一个人无论如何也办不到的。”伴随想法的连接和转化，想法的总数增加了，想法的质量也大幅提高。这就是索耶在第六阶段描述的实践方式——以意想不到的方式连接想法。

创造力绝不仅是构思想法的过程，这就是为什么索耶提出的最后一个阶段——展示想法，如此重要，“我认为大多数人都没有意识到展示自己的想法是多么重要”，索耶说道。“在脑海中浮现出的想法，不可能是完全成形、完美的想法。在实际生活中，你灵光一闪，然后开始对你的想法进行研究。在研究的过程中，你会注意到一些其他东西，你最初的想法可能会走向不同的方向，这是一种十分即兴的创造体验，这种‘即兴创作’是当创造者向外界展示自己的所思所想时，与外界进行互动而产生的结果。”这种“即兴创作”可以使想法被连接组合，从而为我们带来更上一层楼的新想法。对于那些想要取得高质量创新成果的团队来说，展示想法是至关重要的一个阶段。

索耶认为人们需要记住的重点不是如何进行头脑风暴，或如何使用其他方法来产生想法，而是要重视并整合所有八个阶段，缺一不可。为了强调这一点，索耶甚至没有将他自己的创新流程归为一系列阶段。“我更愿意将它们看成是实践方式或训练方法，甚至都不是阶段”，索耶说道，“它们循环往复，你会经历所有的阶段，你会在一天的不同时刻用到它们，大致按照时间顺序，但很多时候也不一定。”任何一个杰出的创新个人或团队都知道，创造力绝不是一个完美的线性过程。索耶以最后一个阶段“展示想法”为例，“我把它放在最后一个阶段，但很显然从创新伊始它就适用，从一开始你就应当不断地向外界展示你的想法，因为这会给你带来更多全新的想法，会改变你思考问题的方式。”经过深入的研究，索耶认为展示想法不是最后一个阶段才做的事，而应当在每一阶段都去进行，使得想法得以不断完善，这才是恰当的头脑风暴效率更高的原因所在。头脑风暴会议是展示想法、转化想法的好机会。

在吉姆·科赫开发山缪亚当斯波士顿淡啤酒的故事中，索耶提出的八个阶段清晰可见。尽管科赫在研制酿酒配方的时候并未采用头脑风暴，但他对啤酒市场做过深入研究，并有着丰富的知识积累，使得他能正确地评估祖传配方，知道如何在大众市场中进行产品定位。科赫的思维过程在很大程度上符合索耶的八个步骤。他出生于酿酒世家，使得他能深入了解问题并拥有相关的背景知识。经过那次命运般的酒吧之旅，与进口啤酒一争高下的想法产生于酝酿阶段之后。从初始想法发展成为最终产品，科赫需要评估他的想法，并通过实验展示自己的想法，最终重磅推出产品。如果科赫围绕他的想法组织一次头脑风暴会议，那么他不太可能会有进军高档进口市场的想法，也就不会有山缪亚当斯波士顿淡啤酒这款旗舰产品。“一般的创造力指导书籍都会告诉你如何拥有更多的想法”，索耶说道，“那太超前了，如果你把其他事情都做对了，那么想法会自然而然地出现，水到渠成，但如果你其他事情都还没做，就想得到想法是不可能的，如同不劳而获。”科赫家族的历史、科赫对于市场的了解以及他广泛取材获取灵感的做法，都为将来播种山缪亚当斯波士顿淡啤酒的种子开辟了一片肥沃的土壤。

吉姆·科赫和山缪亚当斯波士顿淡啤酒的故事不是独一无二的，如果仔细观察世界上一些最具创造力的公司，我们很容易发现，他们的做法早已超越了简单的头脑风暴，在某些情况下，他们还会在公司内开发专属的大规模流程，就是为了持续地产出既新颖又实用的想法。他们不单单依赖头脑风暴，相反，他们会采用一系列与索耶提出的八个阶段类似的实践和方法，以确保好的想法能源源不断地产出。IDEO 就是这样一家设计公司，他们的优秀创意似乎从未枯竭。

穿行在位于帕洛阿尔托（Palo Alto）的 IDEO 公司办公室，很难想象这是一家大型咨询公司，客户来自全球 500 强企业。与很多顶级咨询公司的带窗办公室和格子间不同，IDEO 公司办公室的内部看起来十分凌乱，就像刚开过头脑风暴会议一样。天花板上悬挂着自行车，桌子上装饰着看似杂乱无章的图案，甚至有一个飞机机翼从一面墙中伸出来。在这样一个凌乱的工作环境中，我们很难得知公司实际运营的业务是什么。然而，IDEO 可能是世界上最成功的设计公司之一，客户从保守的 500 强企业到大胆的创业公司，都向 IDEO 公司寻求帮助，以提升公司的创造力。在公司运营的 20 年间，IDEO 公司成功为千余家不同的客户和 50 多个不同的领域设计了 4000 余种产品，产品从医疗设备到挤牙膏机。IDEO 公司获得国际设计杰出奖的次数名列榜首。[11]《Fast Company》杂志称为“世界上最负盛名的设计公司”，同时将其列为 25 家最具创造力的公司之一。IDEO 公司甚至还荣登《财富》杂志“MBA 最理想雇主”，在榜单中名列前茅。但谁能想到，这家公司在初创时期，是在一家服装店楼上租用的场地进行办公的。

IDEO 公司将自己的成功归功于一种被称为“设计思考”（design thinking）的流程[12]，该流程有五个步骤——理解市场、观察、构思、评估和改进、实现。“设计思考是一种以人为中心的创新方式，它借鉴了设计师的工具宝典，并集成了人们的需求、技术的可能性和商业成功的必备条件”，公司现任 CEO 蒂姆 · 布朗（Tim Brown）解释道。起初，公司采用这种方法设计实体产品，比如电脑鼠标、掌上电脑和泵式挤牙膏机。但随着设计思考的广泛应用，公司生产了很多创新产品，开始涉足实物之外的产品设计，甚至进入体验设计领域，例如为美国红十字会重新设计献血体验。

在开始构思想法之前，IDEO 公司的设计师们会花大量时间进行调查研究。他们会考察市场上已有的产品，研究客户公司和用户群。他们深入挖掘正在采用的以及所有可能相关的技术，甚至还把当前存在的约束条件列成清单，尽管到最后这些可能根本算不上真的约束条件。

初步调研完成后，还不是把大家聚集起来收集想法的时候。项目团队会深入生活，观察真实的人群是如何使用市场上已有的产品或者新产品的设计原型。他们会注意观察哪些设计很容易被人们接受，哪些则让人们摸不着头脑，以及哪些具体的点让人们喜欢或讨厌一个产品。他们还会研究产品满足了用户的哪些需求，又有哪些需求被忽略，以及产品本身是否为人们产生了新的需求。IDEO 公司不遗余力地进行这项观察活动，甚至还雇用了一批受过大学教育的人种学家，帮助其研究用户是如何与当前产品交互的。

只有完成了市场调查和人种学研究之后，才到了真正产生想法的时候，IDEO 公司主要依靠头脑风暴。“头脑风暴是 IDEO 公司的想法产生引擎”，总经理汤姆·凯利（Tom Kelley）写道，“不论是在项目初期进行集思广益，还是解决一个后来出现的棘手问题，对于团队而言，头脑风暴都是一次机会。团队工作效率越高，头脑风暴也就越规律、越高效。”IDEO 公司的设计团队遵循一种特定的方法来进行头脑风暴，他们不是简单粗暴地进到一间屋子，然后七嘴八舌地抛出想法。[13] 每次会议都由一个经验丰富的主持人带领，大多数会议室的墙壁都被涂上了头脑风暴的规则，比如“鼓励异想天开的想法”“追求高质量”。即便大家产生了大量想法，团队通常也不会立即开始对想法进行评估，而是会先让大家根据自己的想法制作原型，原型也是整个流程中另一个至关重要的元素。有了这些原型，他们可以将自己的新理念可视化，然后设想顾客会如何使用产品。比起图片、图纸这种原型，三维模型的效果最佳。图纸太容易被人们彻底忽视，只有与人交互的模型才能触发别出心裁的设计灵感。

团队会仔细评估每一个制作出的原型，他们从其他设计师、客户团队、主题专家，甚至目标用户那里寻求反馈。得到反馈后，他们再对原型进行修改和组合，以不断地改进和提升他们的设计。“我们试着不去纠结那些最初的原型，因为我们都知道它们会变”，凯利写道，“没有一个想法能完美到没有继续改进的空间，我们计划进行一系列的改进。” IDEO 公司的设计团队知道当其他人与产品进行交互时，设计师们能更好地理解哪些功能好用，哪些功能需要做进一步改进，这样他们才能够在产品的迭代中至臻至善。

一旦整个流程完成，最终的原型也被确定下来，IDEO 公司便将最终的设计交付给客户公司。从原型到可实现产品，整个过程可能十分漫长，以 IDEO 公司设计的电脑鼠标原型为例，鼠标的滚轮最初由黄油盘盖子上面的橡胶球制作而成，[14] 经过很长时间之后，这种粗劣的设计才转变成为一个更高品质的产品。但 IDEO 公司具备在不牺牲设计元素的前提下解决技术挑战的能力，也许正是这种能力才使得 IDEO 公司成为全球领先的设计公司。

IDEO 公司采用的设计思考不是什么新鲜玩意，也不是该公司的专属。凯利简要提到的步骤与索耶的八个阶段创新流程、奥斯本的三个阶段十分相似。这三种流程均认为，在产生想法之前必须要进行充分的调查研究，并都承认随着想法的展示和曝光，想法将会被进一步改进和完善，而且它们都将头脑风暴和想法的产生作为流程中一个至关重要的阶段。或许最重要的一点是，三者都将想法的产生阶段置于一个更宏大的框架中，以确保最优秀的想法能够脱颖而出。尽管 IDEO 公司的团队可能比其他公司更擅长进行头脑风暴，但并不是头脑风暴本身使他们更具创造力，而是他们在整个创新过程中所付出的一切，使得他们有能力持续地产出优秀的创新产品，设计出卓越的用户体验。

“头脑风暴神话”很容易让我们误以为创新的秘诀就是简单粗暴地产生大量想法。头脑风暴作为一种实践方式，是公司中利用率最高的方法（尽管它经常被错误地采用）。然而，创新过程远比产生想法复杂得多，还需要经过调查研究、制作原型以及用创新的方式连接想法等步骤。最具创造力的公司不会把全部希望都寄托在某一种产生想法的方法上。索耶认为，“头脑风暴需要融入一个更广泛、更长期的公司战略中，这样想法的产生和创造力才能成为公司发展的一部分。”正是这种长期发展战略和融合创造力、创新的文化，才使得 IDEO 等公司源源不断地产生好创意，引领创新潮流。

第9章

凝聚力神话

The Cohesive Myth

打开你的脑洞，想象一下那些永葆创新活力的团队内部是如何运作的。思来想去，有些元素似乎必不可少，你会自然而然地在脑海中勾勒出开阔的办公空间、随性的着装要求、台球桌、免费食物，还有随处可见的面带微笑的人群。再进一步，想象一下他们如何开展工作的画面。你也许会认为他们的创新过程就像打台球一样欢乐，全程相处融洽。我们想当然地认为只有在愉悦、欢乐的氛围中，创造性人才才能茁壮成长，因为他们需要这些有趣的互动。这就是“凝聚力神话”——最具创造性的想法和产品来自那些求同排异的团队。“凝聚力神话”让我们把精力集中在团队建设，力图确保团队中的每个人都能与其他人亲密无间地合作。然而，过于关注凝聚力其实会抑制团队的创造力，限制想法的可选择范围，导致那些有独特想法的人因为害怕自己不合群，而重新审视自己是否异于寻常。这个神话广泛存在于许多公司中，但那些最富创造力的团队和最具创新精神的公司反而不太在意员工是否一直和谐共处。从外部看起来，这些团队好像跟我们想象的一样友好、和善，但其实不然，在内部，有时凝聚力的对立面——冲突，也能孕育出创新灵感。

举例来说，皮克斯动画工作室的总部看起来像是世界上最愉悦、最具凝聚力的工作环境。公司园区位于加利福尼亚州爱莫利维尔市，占地面积十六英亩，因其瑰丽、精妙的设计，曾获得多项建筑奖项，并被收录在一些杂志和图书中。走入园区正门，最先映入眼帘的就是规模宏大的中庭，足球场大小的空间由玻璃窗、裸露的砖墙和铆钉固定的工字型钢梁构成。中庭的天花板有两层楼高，由拱形玻璃和钢铁材料构成，天花板下方架设了一座座横穿广阔空间的桥，二楼修建了一条条人行道。中庭是整个建筑的核心区域，集多种功能于一身，包括邮箱区、咖啡馆、浴室和一个可容纳 600 人的剧院。会议室沿着中庭的边墙依次排开，由玻璃、车库门样式的可伸缩墙面构成，这种设计便于在会议室空闲时释放空间。整个设计独具匠心，让人叹为观止。如果我们知道史蒂夫 · 乔布斯曾为园区的设计和建设付出了多少心血，自然就会明白园区为何能有如此美景了。

皮克斯创办之初并非一个电影工作室，而是一家计算机硬件公司。公司的起源可以追溯至 20 世纪 80 年代，当时，乔治·卢卡斯（George Lucas）为卢卡斯影业的新部门——计算机部门雇用了一个计算机动画师（当时几乎没有人使用这个词）团队，当然这之间的关系还可以再往前追溯一步。卢卡斯很想利用计算机技术来增强电影特效，至少可以用来降低特效制作的成本。卢卡斯本人并没有想到用计算机来制作一部完整的故事片，但他雇用的几个员工却有此想法。当时这个部门由埃迪 · 卡特穆尔（Ed Catmull）、匠白光[1]和约翰 · 拉塞特（John Lasseter）三人帮掌舵，三人都致力于使用计算机技术制作一部完整的电影，而不仅仅只是特效部分才使用计算机技术。为了证明自己的技术实力，他们创作出了几部短片。

尽管他们满怀激情地想要制作出一部故事片，可是并没有受到卢卡斯的重用，卢卡斯只安排他们制作《星际迷航 2：可汗之怒》（*Star Trek II: The Wrath of Kahn*）中关于一颗遥远星球的简短动画。当时，卢卡斯刚与妻子离婚，支付了高昂的分手费，他不想再给昂贵的计算机硬件设备继续拨款，于是，他决定砍掉公司的计算机部门，将整个部门以 500 万美元（另加 500 万美元的投资资本）的价格卖给了史蒂夫·乔布斯。在乔布斯眼里，比起卡特穆尔、史密斯和拉斯特一直推崇的短片制作，他对销售皮克斯设计出的硬件更感兴趣。不过，他认为这些短片恰好可以用来证明皮克斯机器的优越性能，所以他没有停止拨款。终于，一部由拉斯特执导，讲述一个小金属玩具努力逃出一个孩童的破坏之路的动画短片——《锡铁小兵》（*Tin Toy*）大获成功，一举夺得奥斯卡奖。这次成功促成了皮克斯与迪斯尼公司的合作，迪斯尼公司发行了皮克斯的首部长篇故事片《玩具总动员》（*Toy Story*）。

《玩具总动员》的巨大成功掀起了卖座故事片的热潮，这股热潮一直延续到今天还有增无减。续集《玩具总动员 2》（*Toy Story 2*）再获成功，为史蒂夫·乔布斯提供了充足的资金保障，使他可以按照自己的想法建造一个充满灵气的园区。乔布斯请来建筑师皮特·布林（Peter Bohlin，他还曾帮助乔布斯设计苹果公司实体店），两人合作建造出了一个世界上独一无二的电影工作室。一般的电影工作室占地面积都很广，每个部门拥有自己独立的办公楼。乔布斯却希望用一座中央建筑囊括全体员工，这样员工们可以进行更广泛的合作交流。乔布斯坚信，合作是皮克斯所追求的杰出创造性工作的源泉，而每一次的偶遇恰恰是合作的源泉。中庭之所以如此宏大，主要是为这些偶遇提供场地，邮箱区、浴室、游戏室以及会议室全都集中于一处，使得不同部门、不同办公地点的员工有机会相互交流，分享各自的工作，从讨论中受益。这座建筑的设计完全符合乔布斯的理念，即机缘巧合皆是偶然，不期而至的偶遇有助于增进合作，提升工作质量。“乔布斯的理念从第一天开始就奏效了”，拉斯特后来在与乔布斯的传记作者谈话时回忆道，[2]“我不停地遇到本来几个月都见不到的人，我从来没有见过这么能促进合作和创新的地方。”

皮克斯团队的集体创造力不仅体现在他们的电影中，还体现在他们对皮克斯总部各个区域的改造过程中。巨大的皮克斯动画人物形象分布在园区各处，包括公司标志性动画形象——顽皮跳跳灯（Luxo Jr.）的大型仿制品，这盏出自皮克斯早期短片的动画台灯坐落在建筑外侧。很多员工的办公室被排成一个U字型，中间围出一个用于碰头的空地，鼓励大家进行小范围的随意讨论，而不必去中庭讨论。一些员工的办公室一点也不像传统的办公室，看起来更像是剧场或提基小屋（tiki huts）[3]，办公室的装修风格由所有者全权决定。所有这些建筑中最有创意的一个或许非 Lucky 7 Lounge 莫属，它是一间地下酒吧，隐藏在一名动画师平凡无奇的办公室的书架背后。这个酒吧原本不在乔布斯的最初设计中，而是由动画师安德鲁·格登（Andrew Gordon）建造而成。一次偶然的机会，他发现自己办公室后墙上有一个小门，可以通向一个低矮的通道，这原本是为了更方便地操作供热系统和空调机组而预留的通道。安德鲁和同事们用装饰照明、吧台和定制纸巾别出心裁地改造了这个额外的空间，为它赋予了生命力。

从与众不同的办公室到欢乐地玩着桌上足球、乒乓球的员工们，皮克斯团队的成员们十分享受聚在一起的感觉，不论是制作获奖电影抑或是建造隐藏的鸡尾酒吧，他们都是合作完成的，欢乐的场景随处可见。无论是在中庭，还是在主建筑（现在为了纪念创建者，被命名为史蒂夫·乔布斯楼）各个角落里人们的谈话中，都萦绕着一股力量。在亲眼目睹了皮克斯园区的景象后，人们忍不住从这些创新团队和人员合作中吸取经验。皮克斯的员工们一起工作，一起娱乐。在园区中漫步时，你很难去想象员工们此时此刻正在全力拼搏，虽然他们确实在拼搏。对于在皮克斯工作的很多动画师来说，冲突和辩论只是他们早上日常工作的一部分。这里可能有世界上最令人愉快的工作环境，但在争论中，这里看起来与凝聚力一点关系都没有。

皮克斯的动画师、导演和计算机科学家们在中庭旁边的一个小放映厅里开始每天的工作，项目团队在一起开会，回顾前一天的工作，这一活动被称为“每日例会”。[4]放映厅里的人有充分的自由对动画帧的方方面面吹毛求疵，不放过任何一个细节，再小的细节也值得商榷。每个人都可以评论他人的作品，从光线的角度到声效出现的时机，大家都会展开热烈的讨论和辩论。在动画帧的改进方案最终确定之前，皮克斯团队会逐帧地争论细节，反复推敲。除了“每日例会”外，皮克斯的电影制作人员每个季度都会参加作品讨论会，“他们将电影展示给其他制作人看”，皮克斯总裁埃迪·卡特穆尔（Ed Catmull）解释说，“他们会仔细观看每一部电影，并将其逐帧分解。”[5] 由于一秒钟的电影画面由 24 幅动画帧组成，因此这是一个十分费力的过程。尽管对每帧动画一一辩论的过程可能会让大家精疲力竭，但皮克斯团队知道，这个过程对于保证一部又一部高质量电影的发布是至关重要的。围绕动画帧的辩论越多，电影的最终质量就越高。皮克斯相当重视分歧意见，在团队的组建过程中，他们甚至会有意融入一些矛盾冲突。《海底总动员》（*Finding Nemo*）大获成功后，皮克斯的领导层担心公司内部对其创新过程自鸣得意，于是他们邀请布拉德 · 伯德（Brad Bird）导演加入团队。在加入皮克斯之前，布拉德与华纳兄弟合作制作了传统动画电影《钢铁巨人》（*The Iron Giant*），电影广受好评，但票房惨淡。皮克斯高层希望布拉德与他们合作的首个项目能够与皮克斯一贯制作的电影有所区别，他们希望布拉德的加入能给皮克斯带来更有效果的矛盾冲突。“所以我说，‘我们需要异类（black sheep）’”，布拉德回忆道，“我想要有挫败感的艺术家，我想要做事方法独特到大家闻所未闻的人。”[6] 布拉德招募了一个团队，成员都是对一部新电影存在异议的人，因为大多数成员都认为在有限的经费和技术条件下，想要做出这部电影是天方夜谭。布拉德找来的“异类”的确给电影的制作过程带来了相当多的矛盾冲突，但成效卓著。皮克斯的电影《超人总动员》（*The Incredibles*）票房大卖，为公司夺得了两项奥斯卡奖。“我们给那些‘异类’一个机会，让他们证明自己的想法，在很多事情上，我们都喜欢尝试不一样的”，布拉德说，“比起《海底总动员》《超人总动员》每分钟花费的开销更少，电影场景数却增至三倍，还融入了很多难以做到的东西。”

我们很容易将凝聚力与和谐友善的工作环境视为皮克斯或其他任何一个具有创造力的团队成功的原因。从这个角度讲，分解剖析电影的晨会、雇用心存异议的员工看起来似乎有悖于创新过程的常理，与自由开放、给人以放松悠闲之感的皮克斯中庭产生了强烈的对比。但在许多极具创造力团队的和谐表象之下，你会发现，他们的创新过程真正依赖的就是结构性的冲突，而非凝聚力。

追溯“凝聚力神话”的起源是一件很困难的事。为了推广这一神话，大多数人都会引用头脑风暴创始人亚历克斯·奥斯本（Alex Osborn）的话。让我们回忆第 8 章，奥斯本提出的头脑风暴的规则其实比大多数人参与过的都要严格得多。在《创造性想象》（*Applied Imagination*）一书中，奥斯本为头脑风暴会议的主持人制定了很多指导原则，为了能最大限度产生创造力，他还制定了一些会议中必须遵守的具体规则。[7] 这些规则中最主要的一条就是“暂缓批评”。奥斯本认为，批评和争论会让人们因为害怕批评而保留自己的想法，从而抑制创造力的发挥。因此，为了能让团队产出大量的优秀想法，他认为团队的每个成员都应当以意识流的方式分享自己的想法，对团队毫无保留。如果人们有了想法却不分享，就会破坏整个头脑风暴的流程。

尽管崇尚团队凝聚力的风气在奥斯本之前就已经存在，但在奥斯本的书出版之后，这种风气才真正开始盛行起来。为了支持和谐、凝聚力的说法，研究创造力的理论家们试图开展研究，并构建模型来验证奥斯本的理论。其中一些理论家们支持奥斯本提出的“评价恐惧”（Evaluation Apprehension）[8] 概念。另一些人认为，创造性想法发源于人脑深处，随着人的年龄的增长、阅历的丰富，大脑中更高级的思维过程会对创造性想法实行自我监督，在批评和争论中消除那些创造性想法。这种理论似乎可以解释为什么不受自我监督约束的儿童看起来天生具有创造力，然而，随着儿童渐渐长大，其他人会对他们的行为进行评价，大多数儿童便失去了对创新的兴趣。从逻辑上讲，如果我们想找回原本属于自己的创新思维过程，则需要构建一个重和谐、缓评论、无争议的环境，这种想法建立在一种假设之上，即认为这种和谐的环境可以让个人不再进行自我监督，从而发挥出儿童般的创造力。然而，越来越多的研究却支持相反的结论，阐述不同观点、自由进行辩论所带来的冲突、评价和对峙可能才是推动团队在整体上更具创造力的不竭动力。

支持“冲突能提升创造力”这一说法最著名的研究恐怕要属查兰·内梅特（Charlan Nemeth）领导的一个实验了。查兰是美国加利福尼亚大学伯克利分校的一名心理学教授，她和她的团队想弄明白冲突在创造性想法产生过程中所扮演的角色。[9] 她们将实验参与者分成三个组，分别对应三种实验条件（最小实验条件组、头脑风暴组和辩论组），每个组都要研究同一个问题——如何减少旧金山湾区的交通拥堵程度并给出解决方案。对于“最小实验条件组”，研究人员没有给予任何进一步的说明，只告诉他们想出的办法越多越好。对于“头脑风暴组”，研究人员给他们讲解了一套传统的头脑风暴规则，即想出尽可能多的想法之后，先不要对所有想法妄下评论，而且要鼓励异想天开的想法，以及在每个人的想法之上建立新的想法。其中特别强调的一点就是暂时不轻易做出评判，而且不对任何想法进行批评和辩论。“辩论组”得到的规则与“头脑风暴组”的类似，但有一个重要区别，研究人员告诉他们可以对任何想法进行辩论和批评。

统计出结果后，获胜者一目了然。“头脑风暴组”确实比“最小实验条件组”想出的想法更多，但表现最佳的一组却是“辩论组”，在同样的时间段内，“辩论组”产生的想法平均比其他两组多 25%。即使在团队解散后，辩论对参与者产生的影响仍在持续。在对每组人员的后续采访中，研究人员向参与者询问他们是否又想到了更多解决交通问题的方案，“最小实验条件组”

和“头脑风暴组”平均每人想到了一到两个想法，但“辩论组”的成员平均每人又想出了七个想法。

内梅特和她的团队考虑到，研究结果可能恰巧是一种独特的美国现象。为了排除这种可能性，他们使用完全相同的实验方法和实验说明在巴黎重新进行了一次实验，唯一不同之处在于他们让三个实验组解决的是巴黎的交通问题。实验结果与第一次的如出一辙，在想法产生过程中存在冲突的团队在创造力方面的表现始终优于重视凝聚力的团队。在一份实验结果总结中，内梅特向“不准辩论”的传统观点发起了挑战，“我们的研究表明，相较于其他条件，辩论不仅不会阻碍想法的产生，反而会起到促进作用”。冲突和批评不仅有助于想法的产生，还有助于后续进行想法的精细化，并综合多个想法成为一个整体 。1981 年，美国明尼苏达大学的两位教授南希·洛瑞（Nancy Lowry）和大卫·约翰逊（David Johnson）进行了一项研究，他们将五六年级的小学生分组，让每个组分别进行研究，并撰写一份小组报告。[10] 研究人员告诉其中一半的小组要进行组内合作，避免争论，无法达成一致时要相互妥协。他们告诉另一半小组要倾听每个人的想法，但可以对不认同的想法提出批评。最终，争论组的学生给出的研究报告更为深入，他们用更合乎逻辑的方式介绍了想法背后的基本原理，还展示了融合多种想法的能力，因此他们能够得到更强有力、更全面的最终结果。这一研究表明，即便在年幼时期，人们也有能力通过学习掌握如何在与人合作时，运用建设性冲突来创建更优秀的最终产品。

美国通用汽车公司主席、首席执行官阿尔弗雷德·斯隆（Alfred Sloan）也发现，在提升最终结果方面，辩论的确能产生巨大的力量。在一次很重要的会议上，斯隆突然打断大家，“先生们，现在对于这个决定，我们都一致同意，是吗？”[11] 等每个委员都点头同意后，斯隆继续说，“那么我建议后续的讨论推迟到下次会议，多给我们彼此一些时间去考虑不同的意见，或许能更好地理解我们所做的决定。”斯隆深知，对于大家的不同意见和分歧，他必须持有允许和鼓励的态度，否则他的团队几乎不可能给出创造性解决方案。

实证研究支持斯隆行为背后的理论，研究表明当想法还没有完全成形时，批评和建设性冲突对于想法的验证和强化价值具有至关重要的意义。“反复争论意味着人们竞相产生、测试尽可能多的想法，在争论过程中，想法的碰撞交织会牵涉非常广泛的知识面和看待问题的多种角度”，斯坦福大学管理学教授罗伯特·萨顿（Robert Sutton）解释道。[12] 人们有争论说明，人们考虑了多样化的观点，而且愿意进一步优化原来的想法，并不是觉得想法无关紧要，可以置身事外。经过后续的研究，深思熟虑，以及不同想法的融合，可以让人们的初始想法更上一层楼。与此相反，如果团队所有成员都总是同意其他人的想法，没有任何意见分歧，那么说明这个团队要么没有太多想法，要么就是他们太过看重大家达成共识的结果，并不在乎有没有高质量的建议产生。换言之，他们没有尽全力向前推进他们的想法。综上所述，凝聚力过强的团队不太可能有杰出的创造性产出，相比之下，那些通过辩论提升想法的团队更有可能产出创新想法。但是，纯粹为了争论而争论并没有任何意义，有效的争论必须满足以下两点：首先必须是正确的争论方式，其次必须有值得争论的事情。冲突有两种类型：人际冲突（也称情绪冲突）和任务冲突（也称理智冲突）。在人际冲突中，人们不是为了想法的价值而争论，而是为了个人恩怨、权力斗争甚至仅仅因为厌恶对方而产生冲突。这些冲突通常有毒害作用，有害于个人和团队，绝对不会让想法变得更有价值。然而，任务冲突相当富有成效，因为它只局限在想法的事实和价值层面，人们会客观地考虑想法是否具有价值，而不是主观地根据个人喜好妄下评论。在任务冲突的争论中，人们不会掺杂个人感情，因为这种冲突本身的架构会使人们把关注焦点放在怎样能产生一个更好的最终结果上，而非个人的输赢。然而，当人们在辩论时，很难确保冲突类型只是任务冲突，或多或少都会掺杂一些个人偏见。争论是好事，但想要有一场既精彩又有意义的争论却不那么容易。只有在争论中拿捏好分寸，才能使团队博采众长，获得多样化的创新思路。

印象笔记（Evernote）是一家基于云服务的软件公司，它将自己现如今的成就归功于上文提到的任务冲突。印象笔记是一个在线笔记项目，于 2008 年启动，办公室位于美国加州红木城。

如果你去参观印象笔记的办公室，则会发现公司里到处充满了欢声笑语，而在公司刚起步时却并非如此。根据首席执行官菲尔·利宾（Phil Libin）的说法，公司诞生于冲突之中。当时，有两家独立的公司都不约而同地希望开创一种新方式，以方便人们存储信息、按需取回，现在这种方式被称为“记忆扩展”。连续创业家[13]利宾在 Ribbon 公司中组建了自己的创业团队，但几乎同一时间，他得知另一个大部分由俄罗斯程序员组成的团队也在做类似的项目，项目名称为印象笔记。[14]俄罗斯程序员们已经取得了重大进展，于是利宾提出了并购计划。与其在行业内彼此竞争，不如合并为一家公司，在公司内部并驱争先。“印象笔记就是通过这种不寻常的方式创建的，两家创业公司虽然有着不同的特点和背景，但却有着相同的愿景”，利宾回忆道，“刚合并时，我们的想法就存在冲突，但正是这种冲突使得不同的想法可以相互碰撞交织，造就出了更强大的想法，因为只有最好的想法才能存活下去。”两个团队都把关注焦点放在如何完成公司的使命之上，即让用户可以随时随地简单方便地保存笔记，需要时能从手机、平板电脑等多种平台获取。即便到了今天，当员工的意见存在冲突时，也都是站在公司的立场思考问题，无关乎个人喜好。

20 世纪 70 年代，定期组织的辩论已成为施乐帕洛阿尔托研究中心（Xerox PARC）的惯例。这家孕育了个人计算机的公司定期组织正式的讨论，就是为了对员工进行培训，告诉他们如何恰当地为想法而争论，而不是为了自我而争论。研究中心每周都会召开“庄家例会”，会议名字来源于当时很有名的一本书《击败庄家》（*Beat the Dealer*），每次会议之前，都会选中一位演讲者，作为“庄家”。在会议上，“庄家”在众人面前展示自己的想法，台下坐着许多工程师和科学家，他们站在“庄家”的对立面，“蠢蠢欲动”准备“挑刺”。对于那些尚处于研发阶段的产品而言，这种辩论不仅有助于提高产品的质量，有时还能给未来的研究带来全新的思路。“庄家例会”的主持人会确保会议的客观性，大家可以畅所欲言，但必须就事论事，为了提升想法价值而给予的理智评论才会被纳入考虑范围。无论是观众席中的听众还是讲台上的演讲者，都不允许进行人身攻击，也不允许在评价对方的想法时掺杂对对方个性或性格的评价。帕洛阿尔托研究中心前经理鲍勃·泰勒（Bob Taylor）在谈到“庄家例会”时曾说道，“如果有人企图进行人身攻击，而不是用论点说话，那一定是行不通的。”泰勒告诉他的员工，辩论中有两类分歧：第一类分歧是指双方都不理解对方的真正立场；第二类分歧是指双方都能理解对方的立场，换位思考。我们不鼓励第一类分歧，但允许第二类分歧，因为后者会带来高质量的想法。泰勒的模型抛开了个人恩怨，告诉我们要将争论作为一种方法，用它来帮助我们寻求共同立场，实现更高目标。

皮克斯的团队在召开例会时，为了避免人身攻击，他们采用一种被称为“加值”的方法，以确保每天的例会关注点都集中在任务冲突上。[15] 每当有人质疑某一个想法或批评某一帧动画时，他的评论中必须加上一条如何改进的建议，也就是一个加值。假如一天早上，一个由动画师和导演组成的团队在例会上检查几帧动画的效果，画面里一个人在向另一人微笑。如果一名动画师对笑容的类型提出质疑，比如她觉得笑容看起来很假，或者虽然人物在笑但并不是发自肺腑的，那么她必须同时给出建议，面部表情要怎样调整才能给人更真实的感觉，比如一个可能的建议是随着笑容的逐帧放大，收紧眼睛周围的肌肉。在给出评论时，不同的动画师和导演表达的方式可能有所不同，有些人会给出一个具体的建议，有些人可能会用“如果……会怎样”作为建议的开头，比如“如果他的眉毛弯一些会怎样呢？”不管用什么方式，“加值”的结果总是相同的，给挨批的动画师指明了一个新方向，或者提供了一个可以尝试的新东西。对于其他人给予的反馈意见，动画师和导演们未必一定要接受和采纳，但“加值”至少提供了一种方式，使人们更愿意分享自己的评论和建议。在上文提到的内梅特组织的交通研究中，辩论组的成员们互相挑战，互争雄长，也由此产生出了更多的想法。与他们的做法一样，皮克斯的团队会指出一部电影中潜在的问题，加上自己的评论，他们的做法开启了改进想法、完善想法的过程。动画师离开会场后，他们可以采纳“加值”建议，完善作品，或者像内梅特的研究结论一样，他们可能在回去的路上想到更多的点子，然后择优实现。除此之外，“加值”方法还会让会议室里始终萦绕着轻松积极的氛围，大家都将注意力集中在有问题的动画帧上，而不是制作者身上。如果没有“加值”方法，他们的晨会很容易充满负面情绪，人们也会心力交瘁，情绪低落。“每个人都想以一种建设性的方式展示自己的想法，并且尊重其他动画师的意见”，维克多·纳沃内（Victor Navone）说道，他从 2007 年开始在皮克斯担任动画师。动画制作是一个劳动密集型的过程，花好多天制作出的电影动画可能还不到一秒钟。每个人都知道第二天早上你的工作将会被拆解分析，然后带着大家的批评默默回到制图板（或计算机）前，修改那些令人绝望的动画帧。埃迪·卡特穆尔（Ed Catmull）解释说：“工作中充满活力至关重要……因此公司需要营造出一种互帮互助的和谐氛围，所有人都要参与其中，导演也不例外。”采用“加值”方法后，皮克斯的会议室中充满了积极的氛围，批评不再是无意义的负面评价，而是产生更新、更好想法的直接催化剂。“加值”虽然不能缓解所有紧张气氛，因为说实话，眼睁睁看着别人对自己的工作进行分析和批评，甚至连最小的细节也不放过，对每个人来说都是很困难的一件事，心里难免有些不舒服，但是，如果批评和建议的出发点是建立在一个更宏大的终极目标上，比如为了新电影能获奖，那么会议进行起来就容易多了。虽然皮克斯的“每日例会”给人的感觉像打仗一样，但却是一场健康、充满敬意的战争，它使得富有创造力的团队能源源不断地产出高质量的作品。

单纯地看皮克斯或印象笔记这些团队的产品，我们很容易误解他们的创新过程，这一切都要归咎“凝聚力神话”，它让我们想当然地以为，如果想变得和皮克斯一样富有创造力，或者创造出像印象笔记一样的创新产品，那么必须要构建一个始终保持欢乐、有趣状态的团队。虽然这两家公司的员工肯定都非常喜欢他们的工作和团队，但他们深知冲突才是创新过程的驱动力，而非我们通常所认为的凝聚力。如果过于关注团队的凝聚力，那么我们也就放弃了辩论过程中迸发出的创意，失去了通过批评来提升想法的能力。相反，如果我们学习如何恰当地争论，如何利用冲突来提升我们的创造力潜能，那么团队和公司持续产出优秀想法的目标便指日可待。

第10章

约束神话

The Constraints Myth

一谈到创新过程，在我们脑海中浮现的是产生天马行空奇异想法的过程。我们想当然地认为那些最具创造力的公司中聚集的都是一群无拘无束的人，他们利用无限的资源去创造他们眼中的未来。我们还想当然地认为创新需要百分百的自由才能够产生和发展。之所以会有这些想当然的想法，是因为我们相信"约束神话"，认为创新的潜力会被一些约束条件所抑制。很多艺术家对此深信不疑，他们坚信如果自己的创造力没有受到约束，也就是说，有足够的时间和资源让他们去做想做的，那么他们一定能创造出"天才之作"。与此同时，我们常常认为应该"跳出盒子思考"（think outside the box），却几乎从没有对盒子的内部进行过彻底的探索。"约束神话"实际上给了在面临创新挑战或解决复杂问题中进退两难的我们些许安慰，它给众多失败提供了一个简单的解释，即不是我们自身的原因，而是因为缺少资源。这个解释也经常成为人们放弃创新或创新失败的托辞。然而，这个托辞是靠不住的，没有证据证明约束条件会阻碍创造力。事实上，研究证明了恰恰相反的结论，很多具有创新精神的团队也会告诉你创造力离不开约束。

很多最多产、最具创造力的人都知道，从完全空白的状态开始是多么艰难。所有的创新都需要约束，所有的艺术家都需要架构。例如，一些新颖的诗篇就来源于固定的形式，比如日本俳句[1]和英文十四行诗[2]。固定的形式成为写诗的框架，这些形式限定的要求使得写诗更具挑战性，也因此激发了诗人的创作潜能。马修·梅通过雕刻来解释这种现象，“如果米开朗琪罗的雕塑《大卫》是使用泥塑造的，而不是使用更坚硬的大理石雕刻的，就不会被公认为旷世巨作。”[3]米开朗琪罗使用坚硬的大理石完成的不朽之作让人们在几个世纪之后依然能够欣赏到他的杰作。抛开领域的范畴，约束条件塑造了我们的创新追求，许多新奇的想法因其能在既定的约束条件中适用才变得有意义。约束给我们提供了框架，可以让我们深入理解问题并找到真正的创新解决方案。约束的框架被恰当地应用在了一名慈善家和一群大学生研发的新型花生脱壳机的过程中。

2001年，约克·布兰迪斯（Jock Brandis）和一位朋友在非洲马里从事慈善工作，他得知花生很难剥壳。当时布兰迪斯正在建造水处理系统，他看见很多农妇用手剥花生。[4]当地盛产花生，花生不仅是当地农民的食物，也是收入来源。但是用手剥花生壳是一项艰巨的工作，费时费力，剥出一定量的花生需要很长时间。农妇的手指常常被破裂的花生壳划破流血，重复的劳作使她们在很年轻的时候就患上了关节炎。在目睹了整个过程的艰辛和农妇们付出的代价后，布兰迪斯向村子中的一名农妇承诺，他回到美国后会送给她一台花生脱壳机。但是，当他回去后却遇到了麻烦，他想要找的机器根本不存在，市场上只有商业花生农场主使用的大型机械，根本没有小型脱壳机。发达国家中没有小型脱壳机的市场，发展中国家又买不起市场上销售的大型机械。

布兰迪斯没有受困于小型机的缺乏，他决定自己制造一台。但他面临一个严峻的问题，那就是经费。制造一台农民买不起的机器毫无意义，为此他专门联系了一些花生研究领域的专家和工程师，最终得到一款小型脱壳机的保加利亚式设计。在保证核心功能的情况下，布兰迪斯去掉了设计中昂贵的部件。几经迭代之后，他完成了“马里花生脱壳机”（现在被称为“通用坚果脱壳机”）。布兰迪斯的机器相当简单，但给发展中国家的农民带来的潜在影响却是巨大的。脱壳机不仅极大地提高了花生脱壳的效率，还不会给农民的手带来任何损伤。独特的设计显著地降低了成本，只需要不到 50 美元就可以使用随处可见的原材料制造这一机器，而以往则需要花费数百美元。通用坚果脱壳机已经在 17 个国家中广泛使用，既增加了人们的收入，又提升了生活质量。

然而，通用坚果脱壳机并不完美，制造出来的机器本身经久耐用且高效，但制造它的过程却并不高效。机器的主要部件是通过将混凝土注入玻璃纤维模具，冷却成形后而成。虽然在大部分国家，得到制造机器所需的各种原材料不是什么难事，但在发展中国家，玻璃纤维模具很难制作。这些模具通常是从美国运来的，运输成本不仅提高了机器的售价，也延长了制造时间。伦尼·葛福曼（Lonny Grafman）的加入使问题迎刃而解。

葛福曼是美国洪堡州立大学的一名工程学教授，他曾在多个项目上与布兰迪斯有过合作，其中就包括坚果脱壳机项目。

葛福曼特别注意到了海地这个国家，海地面临着塑料垃圾严重污染生态系统的问题，在海地的垃圾填埋场和沿海海滩堆满了大量的塑料垃圾袋。[5]葛福曼向他的学生提出了一个难题——如何将这些塑料垃圾转化成替代玻璃纤维模具的产品，浇注混凝土后便可以制成坚果脱壳机。经过几周的艰苦工作，葛福曼的学生垂头丧气地找到他，并告诉葛福曼这是一项不可能完成的挑战。塑料虽然可以被熔化制成模具，但熔化过程中会向空气中释放有毒气体。学生面临一个巨大的约束条件，他们得找到一种方法，能够在一定的温度范围内将塑料熔化或塑形，而且不会排放有毒气体。葛福曼没有放弃，他告诉学生总能找到解决方法，一定有某种方法能实现这一制作过程。

第二天，他的学生找到了一种能满足温度约束条件的解决方案，无需将塑料袋熔化。学生发现可以将塑料切成塑料环，将所有塑料环编成一种塑料织物，然后只要用烙铁加热这种织物，就可以将其塑形为合适的形状，因为塑料袋没有被完全熔化，所以不会释放出气体。葛福曼的学生不仅解决了有毒气体的难题，还通过使用现成的垃圾材料，进一步降低了布兰迪斯的坚果脱壳机的成本。现在海地人可以完全用岛上的材料制造坚果脱壳机，无需依赖进口模具；与此同时，还大幅减少了垃圾填埋场和海滩上的塑料废弃物。

布兰迪斯最初的设计和葛福曼学生的改进二者都是那些具有创造力、积极主动的人们可以取得成就的鲜活例证。然而，它们的意义还远不止这些。两则故事之所以如此具有说服力，是因为故事里的人都在约束条件存在的情况下进行研究，而约束条件正是被很多人认为的阻碍创造力的“罪魁祸首”。对于布兰迪斯和葛福曼的学生而言，面对困难时，承认失败是一件很容易的事。但事实上，约束条件恰恰迫使他们更具创造力，帮助他们构造出更优秀的最终产品。凭借葛福曼的坚持——坚果脱壳机模具可以用塑料废弃物制成，他给出了一个限制条件，迫使学生考虑其他不那么明显的替代方案，反而激发出了学生的创造力潜能。创新并非来自天马行空的想象或者“跳出盒子”的思考，相反，只有当人们在“盒子”内工作研究，甚至重新思考、彻底重塑“盒子”的时候，创新才能应运而生。

“约束神话”很容易被人们接受，由于我们了解内在激励对创造力产生的影响，所以“约束神话”看起来是那么合理。没有人愿意在看起来希望渺茫的项目上耗费时间。然而，一些横跨多个领域创新过程的研究成果却支持截然相反的观点。“对很多人而言，如果只给他们一张白纸，则可能直接傻眼”，特瑞沙·阿玛比尔（Teresa Amabile）提到，在研究生涯中，她曾目睹过很多次这种傻眼的情况。“但如果给的是一张印有一条曲线的白纸，然后让他们进一步详细阐述这条曲线，那么他们往往能想出一些相当有趣的东西，并乐在其中。”曲线挑战实际上是很多创造力评估测验的一个缩影。阿玛比尔认为，一些约束条件通常有助于创新过程，而且能够提高创新产出的质量。约束条件为人们提供了一个起点和一个待解决的问题，它们对于产生创造性见解都是不可或缺的。很多时候，约束条件的存在能让我们另辟蹊径，让想法服务于周围的世界。一个很难被一些人接受的真相是，真正的约束条件从来就不是缺少资源，而是缺少智慧。

正如用垃圾袋制作花生脱壳机的故事一样，有时约束条件本身可以成为解决问题的资源。心理学家帕特里夏·斯托克（Patricia Stokes）相信，约束条件为我们提供了理解问题、评估解决方案的架构，能助我们一臂之力。为了成为心理学教授，斯托克走出了一条相当独特的道路。在获得社会学学士学位之后，斯托克转换方向，在美国普拉特学院成为了一名艺术系学生，开始了新的生涯。毕业后，她就职于广告业巨头智威汤逊公司（J. Walter Thompson），从事包括雅芳、美宝莲乃至沃登面包在内的国内品牌的营销活动。斯托克环游世界各地，旅居海外多年，她一直梦想成为一个成功的创新人士，直到有一天她改变了内心深处的想法。“长期以来，这种生活都完美无缺”，斯托克说道，“然后可怕的事情发生了——我厌倦了。”[6] 为了缓解厌倦情绪，斯托克重新回到了学校。但她没有继续在艺术领域深造，也没有转去深造工商管理硕士（她已经获得了绘画领域的艺术硕士学位），而是选择了心理学，她在哥伦比亚大学获得了心理学博士学位。现在她在哥伦比亚大学伯纳德学院教授心理学，管理 Variability and Creativity 实验室。因为斯托克本人通往心理学之路非比寻常，她成为了创造力研究领域中一名十分具有影响力的研究者。现在她正在研究自己这么多年的创新行为背后蕴含的心理学。由于特殊的背景经历，斯托克热衷于研究在创新过程中，某些特定媒介（例如颜料或电视）所带来的约束是如何产生影响的。经过多年的研究，斯托克得出结论，约束条件对于我们的创造力有着巨大的影响，而且是相当积极正面的影响。她研究了各领域中的创新过程，包括艺术、文学、音乐和广告，她发现由于有某些约束条件的存在，使得创新人士的做事方法与常规方法并无差异，他们常常在“盒子”内部或者“盒子”边缘工作，很少跳出“盒子”。斯托克认为，创造力其实需要一些约束条件，在我们这个时代，正因为约束条件的存在，才使得无论艺术还是广告领域中的很多最具创新性的成果不再是天方夜谭。事实证明，我们所有人都是在自我强加的约束中思考的。这里可以快速地通过一个思维实验来证明，让我们试想一下未来，就像 20 世纪 60 年代的电影描绘的那样。在未来，汽车看上去跟现在大同小异，只不过它们可能会飞；电视机似乎没变，只不过屏幕里的人们都身着奇装异服；家跟现在几乎一模一样，只不过干净得铮明瓦亮。你有没有想过，为什么在 20 世纪 60 年代的电影里，当时人们设想的未来看起来这么像一个彩色版的 20 世纪 60 年代的真实生活场景？即便现在让你设想自己的未来，比起真正的未来，你设想的未来很可能跟现在的生活大同小异。为什么会是这样呢？这是因为我们所有人都有一个自我强加的观念，认为未来是由现在分毫不差地演变而成的。[7] 这种观念其实束缚了我们，让我们只会用线性思维方式[8]进行思考，而不会去考虑有哪些可能要出现的颠覆性创新。这个实验证明了人类认知的基本趋势，即我们的想象力总是超不出自己的亲身经历。如果我们有充分的自由去发明创造或解决难题，你会发现最终的结果通常是我们仍只关注于已知的或过去研究过的东西。就算我们拥有了无限的资源和梦寐以求的势不可挡的创造力，我们还是会强加给自己这样或那样的条条框框。约束条件是生活的一部分，给我们带来慰藉。斯托克的论点在于，不管怎样，我们中的绝大多数都会面临约束条件，既然如此，比起不受拘束、放任自由，学着如何策略性地利用这些约束条件，更能促进创新产出。诚然，不是所有的约束条件都会对创造力产生同样的影响。有些确实会妨碍创造性表达。如果“盒子”太小，那么在里面再怎样思考，也不会有太多可能性，但有一些约束条件最终却能够带来创造性突破。斯托克的研究揭示出四种促进创造力的约束条件——领域约束、认知约束、多样性约束和天赋约束。

领域约束指的是自我施加的东西或者自己所处的领域。不论处于何种领域，每个人都要对该领域有一定程度的了解，才能贡献出新颖、原创的想法。在很多领域中，任何工作其实都有一套公认的工作标准或操作规程。绘画需要颜料，音乐需要音符和音阶，虽然这些例子非常简单，但它们反映出了领域约束的本质，即它为人们提供了一个框架、一个标准参照物，让人们可以工作于其中，在制造多种可能性时有所参照，因此促进了创造力的发挥。这就是为什么很多富有创造力的人有时会给自己设定领域约束，他们会限制过多的变化，以便让领域中的其他人更容易接受自己的创新成果。斯托克将这些约束条件称为“第一段副歌”，这个概念源于音乐领域，音乐作品的第一段副歌通常会为曲目的后半段定下旋律基调。即使偏离了第一段副歌，偏差所显现出的不同之处也具有重要意义。

认知约束来源于创造者和受众群体二者思维的局限性。通常情况下，一项创新工作被人们误解或忽略，不是因为别的，而是因为人们无法根据自己过去的经历来理解它。创新想法需要既新颖又具备实用性，这种实用性就是由旁观者的认知约束来评判的。让我们回想 Pets.com 在 2010 年美国超级碗（Super Bowl）上投放的那则赫赫有名的广告，广告语“因为宠物不会开车”（Because Pets Can’t Drive）解答了为什么人们应该在网上购买宠物用品。这则广告无疑十分新颖、搞笑，它甚至一举在《今日美国》（*USA Today*）超级碗广告排行榜上拔得头筹。然而它却输在了广告的终极目标——销售，很少有人看到这则广告后，会被说服需要在线购买狗粮。广告的创作者们相信超级碗的宣传场地足以让它家喻户晓，但这种错误想法源于他们对广告的受众群缺乏了解，人们不会将宠物不能开车作为自己在线购买宠物食品的理由。在特定领域成为一名专家有助于创造者克服认知局限，知道哪些新颖的想法同时最具实用价值。然而，即使是专家，也不能忽略受众群体的认知局限。

多样性约束指的是某项工作或创新过程与已有规范的相差程度，原样复制不会认为是创新，而独具匠心的修改却可以是创新。多样性约束可以帮助创造者理解他们的工作要达到怎样与众不同的程度，才能够满足创造力所需的新颖性，它向人们展示了介于复制和创新之间的那条细微的分界线。著名重金属乐队齐柏林飞艇乐队（Led Zeppelin）一直身陷“抄袭争议”漩涡，外界一直在讨论他们的作品，究竟哪些是原创、哪些是翻唱。例如，他们最著名的一首歌曲《通往天堂的阶梯》（*Stairway to Heaven*），开头部分听起来与 Spirit 组合的歌曲《Taurus》极其相似，而《Taurus》的创作时间要早三年，[9] 而且在《通往天堂的阶梯》歌曲发布之前，齐柏林飞艇乐队在早些年间曾与 Spirit 一同参加巡演。不过，我们也应注意到，在不同行业和不同创新类型上，多样性约束存在很大差异，就好像不同的领域对于模仿的容忍度也不同。

天赋约束，在斯托克看来，指的是那些遗传天赋。虽然创造力不是一项遗传天赋，但类似音乐和艺术等能力可能是基因天赋，例如五音不全的人在音乐创作上会有很大劣势，但那些天生拥有近乎完美乐感的人就容易得多。同样，色盲很难捕捉生活中的各种颜色。斯托克指出，虽然这些天赋不能百分百保证创造力的存在，也不是衡量创造力的唯一指标，但我们仍然要梳理出哪些才能是天生的，哪些可以经过后天的训练得到。同时，斯托克认为，由于天赋约束的存在，即使有些才能可以习得，水平的高低也会因人而异。

斯托克相信这四种约束条件为人们提供了一种解决创新问题的框架，有助于创造力的发挥。很多领域存在“劣构问题”[10]（ill-structured problems），它们要么尚未解决，要么解决的希望渺茫，比如物理学的“万物统一理论”。[11] 物理学家们正在积极寻找一个能解释宇宙万物的单一理论，每个新发现都为找寻这个理论增加了一定程度的复杂性。我们对宇宙尚且有如此多的未知，就更别提我们所面临的约束条件了，因此很难找到一个能解释万物的理论。“劣构问题”的真正困难之处就在于它没有约束条件，当我们试图展望未来时，“劣构问题”将解决方案局限于我们曾经研究过的内容。约束条件限制了我们的思考能力，使我们只能得到属于过去的解决方案，但这并不是坏事，因为一旦这些约束条件被应用，就会自然而然地迫使我们另辟蹊径，用更具创造性的思维方式思考。

约束条件所带来的创新推动力不仅在于它为人们提供了工作于其中的框架，事实证明，当我们的思维遇到约束条件时，我们能更好地发掘自身的创造力潜能。荷兰阿姆斯特丹大学的心理学研究人员最近发现，人们在面对约束条件时，会开拓思维想到更多的创新想法，更好地将那些不相关的想法关联起来。[12] 研究人员将参与者分成两组，让他们先在屏幕上玩一个迷宫逃脱的电脑游戏，但其中一组人玩的是一个修改版的迷宫，极大地限制了参与者的选择余地，因而难度更高，由于缺少选择，他们在玩游戏的过程中，明显束手束脚。游戏过后，两组参与者都拿到了一份标准的创造力评测表，里面包含一些谜题，用来测验参与者是否善于将看似毫不相关的想法关联起来。迷宫难度更高的一组比另一组多解出了 40% 的谜题。研究人员据此总结，高难度迷宫的约束条件刺激了参与者大脑的反应，因而增强了他们的想象力。约束条件可以带来创新推动力这一研究结果，一些公司已经意识到并付诸实践。这些公司心甘情愿地拥抱约束，37signals 就是这样一家公司，为了拥有非凡的创造力，公司已经不仅仅是容忍约束，而是主动创造约束的境界。

在读本书之前，你很有可能从未听说过 37signals 这家软件公司。但这家公司因其一反常规的视角、对大多数初创公司的批判以及自我约束的意愿，在科技圈里引起了广泛关注。在贾森·弗里德（Jason Fried）的领导下，37signals 公司于 1999 年成立，是一家专门从事商业网站设计的公司。[13] 几乎从成立伊始，整个团队就使用了一种非传统的收费方式，迫使自己在一定的约束条件下开展工作。当时，很多网站开发人员的收费模式是按小时收费的，或者承包价格更高的大型长期项目。与之相反，弗里德的团队另辟蹊径，他们按照每个网页 3500 美元的价格收费，并承诺在一星期内交工。如果客户想要增加一个页面，价格就增加 3500 美元，时间也会增加一个星期。通过这种方式，弗里德的团队必须在有限的时间和成本下高效地工作，因为他们只有一页的产品任务、一个星期的时间和 3500 美元的人力成本。一切就这样开始了。37signals 公司开发出的网页很有创意，除此之外，公司提供的定价服务也将客户在网站开发上承担的风险降至最低。比如客户可以先在 37signals 公司投上一小笔钱试验一下，如果做出的网页差强人意，客户就可以另请高明。但绝大多数时候，结果都远远超出客户的预期。

2003 年，37signals 公司的经营模式有了翻天覆地的变化。那时，弗里德首次聘请大卫·海涅迈尔·汉森（David Heinemeier Hansson）作为承包商开发一套 37signals 公司内部使用的项目管理系统。这套系统极大地满足了公司的需求，公司决定将其对外发布，成为一款商业产品。2004 年，公司的旗舰产品——项目管理工具 Basecamp 上市销售。截至 2012 年，Basecamp 帮助数百万用户管理超过 800 万个项目，[14] 用户的项目五花八门，从财富 500 强公司的产品发布到总统竞选。[15] “我们在开发 Basecamp 时”，弗里德和汉森写道，“面临许多约束条件，我们有一个设计公司专门负责与现有客户沟通，负责人之间还有 7 个小时的时差（大卫在丹麦编程，其余人在美国），只是一个小团队，没有外部资助。”弗里德和汉森认为，这些约束条件并没有真正限制他们的才能，反而会帮助他们创造出一款出色的产品，因为“这些约束条件迫使我们保持产品的精简性。”

尽管最初只是受条件所限，Basecamp 这款产品的精简性却逐渐变成了 37signals 的领域约束。Basecamp 因其精简的设计成为了一款众所周知的易用产品。开发人员资源有限，无法研制一款集所有功能于一身的产品。他们发现，用户也不需要那些乏善可陈的产品功能，用户只想要简单易用的产品。Basecamp产品的每一轮迭代，或者说37signals公司推出的任何一款产品，都要保持简单易用的特点。公司目前只提供四款核心产品——Highrise（客户关系管理工具）、Campfire（为商业协作提供的实时多人聊天室产品）、Backpack（信息管理和内网工具）以及Basecamp。每个产品的功能都十分简洁、高效，完全没有绝大多数软件的“功能蔓延”[16]（Feature Creep）的通病。最初缺乏资源的约束条件反而成为公司成功的基石，“如今，我们拥有更多的资源和员工，但是我们依然强制遵循那些约束条件”，弗里德和汉森写道，“我们会确保同一时间内只有一到两个人投身于一款产品的研发中。我们始终保持最精简的功能，以这种方式限制自身，以防我们创造出功能臃肿的产品。”除了精简性的自我约束之外，37signals公司还在另一条自我约束“定价”的限制下如鱼得水。尽管公司按照产品的使用频率对用户实行阶梯收费，但也针对每款产品给用户提供一个最有可能接受的最低价格。以Basecamp为例，价格是每月150美元，不论客户创建多少个账户，也不论产品的使用频率如何，价格都不会超过150美元。这个“定价约束”不是什么营销策略。弗里德发现这样的安排使自己的心态更加自在，也让整个公司可以集中精力去提供更好的服务，研制更优秀的产品。“很多企业负责人将毕生精力投入如何吸引大型投资上，的确，巨型商业航母的引入着实能增加收益，并立刻能给公司带来信誉保障。但是这些大客户让我深感不安”，弗里德写道，“毕竟谁给你的钱最多，谁就对你拥有最大的控制权，我们不希望被任何一个客户控制。”虽然这条约束的存在可能会迫使他们必须保持精干的组织架构，但也同时解放了员工，让员工可以不受拘束地把聪明才智投入研制更好的产品中，而不是一味地取悦大客户。

拥抱约束的积极态度对 37signals 公司大有裨益，这些简单、优雅的产品每年可为公司带来数百万美元的收入。[17] 如果你知道公司的另一条自我约束，就能明白公司如今的成就意义非凡，那就是 37signals 公司自成立以来从未接受过任何风险投资。弗里德和汉森相信，大多数外部资本会对公司产生有害的影响，获得财力上的支持固然很好，但随之而来的一系列事情，比如实现营利、出售公司、上市等各个方面带来的压力却会分散他们的大量精力，得不偿失。

37signals 公司一直秉持着有所为有所不为的信念，其不为的事情还有很多，这也就注定它不太可能成为像微软、苹果、谷歌那样的大型科技公司。公司所重视的精干结构的确带来了一些约束，使其在解决问题或改善产品时，不能大把大把地砸钱。不过，37signals 公司十分乐意接受这些挑战，因为正是这些挑战，才使公司在短短十余年的时间里就取得了如此巨大的成功。缺乏财力反而让公司在研发新产品或改进现有产品时，提出了更多创新、精巧的解决方案。“约束其实是变相的优势”，弗里德和汉森写道，“有限的资源迫使你不得不利用所拥有的一切去创造，不能有任何浪费，因而也使你更富创造力。”弗里德和汉森很可能从来没有听说过帕特丽夏·斯托克（Patricia Stokes）有关约束条件和创造力的研究。不过，对于那些一直抱怨缺乏资源的公司，37signals 公司和斯托克很可能会给出同样的建议，那就是“别发牢骚了，少即是福。”[18] 但是，很多人听到这样的劝告后，还是会一如既往地抱怨。我们遭遇了很多挫折，也看到了创新路上的重重困难，我们沉浸于“约束神话”中，不愿改变。我们想要找到一种外部解释，来告诉自己为什么创造力不能再多一点，而种种约束条件恰恰是一个完美的借口。在公司里，这样的想法导致项目停滞不前，创新成果寥寥无几，让团队把主要精力放在如何寻求更多的资源以破除约束条件，而不是在约束条件中寻求最大的可能性，发挥创造力。如果我们对“约束神话”深信不疑，总想着获取更多的资源来解决问题，那么就已经偏离了原本的问题。相反，证据表明，我们应该把精力转移到这些约束当中，在约束条件带给我们的框架中大展拳脚，寻找解决问题的出路。从罗尼·格拉夫曼（Lonny Grafman）的高校工程课到诸如 37signals 这种世界一流的企业，最具创新精神的人和公司都选择拥抱约束，用创新思维解决问题。创造力不但离不开约束，还会在约束中茁壮生长。

第11章

捕鼠器神话

The Mousetrap Myth

一招鲜，吃遍天。[1]我们对这句谚语并不陌生，甚至很多人把这句谚语奉为自己的座右铭。这句话朗朗上口，为那些正致力于看似伟大想法的人们带去了一线希望，但它也被证明是一条并不靠谱的建议。事实上，这句谚语正是“捕鼠器神话”的完美写照。“捕鼠器神话”的迷信其实是建立在一个假设之上，即只要你有了一个创新点子或一款有创意的新产品，让其他人承认这个创意并不难；只要你有了一个绝妙的想法，全世界的人都乐意接受。当产品发布或项目展示时，我们期待自己会受到庆典般热烈的欢迎，但这通常只是我们美好的臆想而已，实际上很少有这种情况发生。我们对“捕鼠器神话”越迷信，最终就会越失望，因为通常情况下人们在面对别人的新想法时，最常见的反应并不是欣然接受，送去祝福，而是忍不住质疑打压，甚至视而不见。

先讲一个真实的捕鼠器故事。美国专利局已经签发了 4400 余份有关改良版捕鼠器的专利文件，[2]但其中只有约 20 种设计被研发成可行产品，最终得以商业化。到目前为止，最成功的一个仍然是我们熟知的弹簧捕鼠器，早在 1899 年就被设计出来。尽管每年提交的新捕鼠器专利申请多达 400 多份，但还没有一个能超越弹簧捕鼠器。在所有这些设计的背后蕴含了一个简单的真相——即便你能造出一款更好的捕鼠器，但把你的新设计卖给全世界仍然任重而道远。这就是美国海军上将威廉·索登·西姆斯（William Sowden Sims）得到的教训，当时他找到了一种可以彻底改变海战的新方法，但随后他发现，说服上级相信新方法的有效性才是一场攻坚战。

西姆斯的创新源于一个伟大设想，一旦实施，将会大大提升海上炮击的准确率和效率。只可惜它没有被实施，起码一开始没有。[3] 为了理解西姆斯这项创新的原理，我们要先解释一下海上射击的困难。海上射击面临的最主要问题就是所有枪炮都被安装在起伏战舰的甲板上，这个平台本来就是不稳固的。1898年以前，船上的每件武器都使用了同一技术来解决这种不稳定性，射击者会把枪炮口瞄准到视野内的一个目标，然后调整枪炮的高度来适应期望目标的高度范围。瞄准时，射击者会看到视野中的目标随着船体的摇晃而上下摆动，当目标移动到十字准星处时，立马开火。然而，这种方法有几个重大缺陷。首先，射击者不得不根据船体的移动情况来决定开火的速度，他必须依赖船体的晃动将目标带入视野范围，因此射击的频率只能与船体晃动过程中目标进入准星的频率相同；其次，尽管射击者接受过一些训练，知道要等目标进入视野后才能开火，但在准备射击和最后扣下扳机之间存在一定的延时，扳机扣下的瞬间，海洋的晃动极有可能影响瞄准的准确性。

西姆斯提出的创新其实是英国海军上将柏西 · 史考特（Percy Scott）军官的想法，是史考特在 1896 年至 1899 年时任英国皇家海军舰艇希亚号（HMS Scylla）船长时想出的。一天，史考特观察士兵们在波涛汹涌的海上进行射击训练，迫于环境所限，绝大多数射击者都表现得很差，唯有一个人表现突出。史考特目睹了那个人射击的全过程，包括怎样在升降装置上保持双手的稳定，在瞄准时怎样利用自己的手操纵传动装置进行微调。因为这些细微的操作，船体上下颠簸时，瞄准目标依然能保持在准星之内。史考特决定想一个办法让船上的所有士兵都学习那个人的射击方式。于是，史考特开始重新设计希亚号上的所有枪炮，以方便射击者在船体摇晃时可以连续对枪炮的角度进行小幅调整，这项改动使得射击者能够在波涛汹涌的海浪中瞄准目标。史考特在技术上所做的改进以及这种新型射击方法称为持续瞄准式炮击装置。

两年后，当可怖号航母（HMS Terrible）被派驻到中国时，史考特遇到了当时是美国海军下级军官的西姆斯。两人很快建立了很好的关系，史考特将他进行的实验以及持续瞄准式炮击装置所取得的成功告诉了西姆斯。在史考特的帮助下，西姆斯调整了自己船上的传动装置，重新训练部下使用这种新系统。短短几个月，西姆斯的船员们便在射击训练中取得骄人战绩。西姆斯意识到自己在无意中发现了一种绝佳的方法，他立即在整个美国舰队中分享了这个方法。可是，舰队的上层领导并没有流露出像西姆斯得到创新成果时那样的兴奋之情。实际上，他们甚至没放在心上。

随着时间的推移，西姆斯先后编写了 13 份总结报告，提交给美国海军军械储备局和航海局，概述了他所采用的方法，并记录了史考特和他的舰队使用该方法后的射击准确率。起初，华盛顿司局并没有回复，他们阅读过这些报告，但认定西姆斯的陈述是编造的，所以并没有受理这些报告，只是将其归档。渐渐地，西姆斯在报告中的措辞更加严厉，使用的策略也更加越轨。他开始把报告的复印件发送给舰队的其他长官，向他们宣传新方法，期待着华盛顿上层官员的反应。最终，他们的确做出了回应，但并不是西姆斯期待的反应。军械储备局局长断然否决了西姆斯的报告，他认为美国标准装备与英国海军的一样精良，使用西姆斯的持续瞄准式炮击法取得的射击训练成绩在数学上是不可能的。事实上，这一否定极其不合理，因为西姆斯已经通过无数次的试验证明了这种方法的可行性，很多长官也在各自的船上重现了他的结果。

最后，西姆斯将一份最终报告发送给了总统西奥多·罗斯福（Theodore Roosevelt），并附上了一封信，信中解释了他是谁、他的想法以及他在海军上上下下所进行的种种试验。罗斯福过去曾短暂地担任过海军副部长一职，也许正是这段经历使得罗斯福在读完信件，得知西姆斯为提升海军射击技术所做的努力被忽略之后，采取了一系列措施。但不论何种原因，罗斯福看到了西姆斯想法的价值，并立即命令西姆斯去华盛顿。罗斯福任命西姆斯为全海军射击训练的巡视员，西姆斯终于可以在海军中推广自己的射击方法了。在六年的巡视员任职期结束后，他被全海军评为“教会我们射击的人”。

创新想法会招来众人评判，此乃其本性使然。人们会自然而然地衡量新事物所带来的价值是否足以值得自己放弃旧事物，因为我们总是害怕改变，所以会抵触那些给我们带来改变的创新。尤其在公司中，我们时常听到"要有新想法，要跳出思维定势"的口号。可是，即使有人真正提出了一些独特想法，这些想法也常常因为太奇怪或不可实现而遭到大家的反对。

除此之外，人们还担心另外一个问题，就是如果他们将创新想法分享出去，可能会遭到别人的窃取，荣誉也会随之丢失。著名计算机领域创新先驱霍华德 · 艾肯（Howard H. Aiken）却持有相反的观点。艾肯给那些喜欢保守创新秘密人士的建议："不要担心别人窃取你的想法。如果你的想法真的很好，那你需要让人们心服口服。"[4] 由于自身的经历，他得知人们对于创新想法的态度，天生就会先拒绝。艾肯不是唯一一个有此经历、给出这种建议的人。埃里克 · 莱斯（Eric Ries）——众多创业者眼中的连续创业者、顾问，说他自己经常遇到一些原本打算创业的人，因担心潜在竞争者会窃取自己的想法、破坏市场份额而迟迟不肯开始。莱斯说，"我经常给那些忧心忡忡的创业者如下建议，从你的想法中挑一个不是最优秀的想法，在一家已成立的公司中找到负责相关领域的产品经理，然后试着让这家公司窃取你的想法。"[5] 莱斯解释了这样做背后蕴含的根本原因，"事实上，大多数公司中的产品经理从来不缺好想法。"当我们还在担心自己的绝妙点子被窃取时，其实最可能发生的情况就是我们的想法被直接无视掉了。就新想法而论，它更可能被拒绝而非窃取。

伟大的想法被全盘否定的例子不胜枚举。柯达研究实验室在 1975 年发明了第一台数码照相机，但他们没有继续研究下去，因为他们认为人们不愿意放弃胶卷呈现出的高品质画质。[6] 这台原型机重达几磅，分辨率为 1 万像素，由另一台照相机的镜头、一台磁带录音机和一些零散的配件制作而成。当它被展示在柯达管理层的面前时，很快就被退回了实验室，然后就不了了之。管理层判断近期仍然是胶片的天下，因为胶片能提供更好的分辨率，所以数码照相机并未引起柯达的重视。然而，索尼研制出了另一款原型机器，在柯达眼皮底下夺走了数码摄像的未来。当索尼发布首款数码相机时，尽管分辨率不及胶片，但仍被称赞为历史性的技术创新，直到此刻，柯达仍不以为然。“人们怎么会想要一台分辨率和电视屏幕相差无几的照相机呢？”柯达副总裁约翰·罗宾逊（John Robertson）在回应索尼推出数码相机时说道：“这个想法我们已经讨论了很多年，很有把握地断定这款产品没有任何市场。”

2001 年，内科医生约翰·阿德勒（John Adler）与美国食品药品监督管理局（FDA）之间近二十年的斗争才告一段落，美国食品药品监督管理局同意批准他在治疗癌症方面提出的突破性疗法，而这个疗法已经被拒绝了近二十年。[7] 当年，阿德勒在瑞典学习时，他注意到那里的外科医生使用小束放射线从多角度清除脑部肿瘤。每条射线都十分微弱，避免破坏健康的组织，但是当多条射线交叉于肿瘤处时，放射能量相互叠加，进而杀死癌变的组织。阿德勒开发了一套相似的方法用以治疗全身各处的癌症，该方法使用计算机技术来计算多条放射线的精确角度和强度。阿德勒的想法很巧妙，但是他缺乏开发和推销想法的经验，为了寻找愿意资助项目开发以及购买最终产品的人，他花去了大量精力。那些愿意花时间听阿德勒阐述想法的人最终都拒绝了他。阿德勒用了将近二十年的时间才筹集到足够的资金，开发出一个可行的原型产品和一套相应的商业模式。时至今日，曾经不被认可的阿德勒的“蠢方法”现在被称为“射波刀”（Cyberknife），作为一种行之有效的清除肿瘤的方法，几乎被所有大型癌症治疗中心所采用，避免了侵入性的外科手术，减轻了病人的痛苦。

诺贝尔奖获奖者保罗·劳特伯（Paul C. Lauterbur）发现“捕鼠器神话”在科学界尤为盛行。他的一篇关于 MRI 技术（核磁共振成像，后来他因此获得诺贝尔奖）发展的论文一开始被美国自然杂志拒稿，劳特伯回应道，“你可以根据近 50 年来被科学杂志或自然杂志拒稿的论文，写出完整的科学史。”[8] 劳特伯的观点表明，哪怕是特定领域的专家也往往会否定那些推动领域进步的想法。美国数字设备公司（Digital Equipment Corporation，DEC）的创始人肯·奥尔森（Ken Olsen）曾经说过：“人们不会在家里放一台计算机。”前美国专利局局长查理斯·杜尔（Charles

Duell）于 1899 年发表声明称，“所有能被发明的东西都已经被发明出来了。”[9] 具有讽刺意味的是，同年，弹簧捕鼠器专利发布。电影巨头华纳兄弟的创始人哈利 · 华纳（H. M. Warner）对有声电影的想法不以为意，说道：“谁没事儿想听演员们的交谈？”[10] 甚至就连苏格拉底和柏拉图都曾为书籍是否会成为传播知识的有效工具而辩论。[11] 虽然这些只是一些轶事，但是它们都反映出了一个重要事实，即在辨别创新想法时，聪明的人也可能会大错特错。

创新想法总让人感觉不那么舒服。研究表明，至少会在潜意识上给人抵触感，因为说实话，识别出既新颖又实用的想法确实不是一件容易的事。当人们看待创新想法时，自身对于创新性和实用性的认知失调可能会导致偏见的产生。2012 年，来自康奈尔大学、宾夕法尼亚大学和北卡罗来纳大学的研究人员证实了这种偏见的存在。该研究团队由来自宾夕法尼亚大学沃顿商学院的管理学助理教授珍妮弗·穆勒（Jennifer Mueller）领导，他们完成了两项研究，试图了解当人们面临哪怕最低程度的不确定性时，对待创新想法的态度如何。在第一项研究中，研究团队将参与者分为两组，在其中一组中人为地制造出了一些不确定性，研究人员告诉这个组的参与者将有机会靠自己的随机选择获得额外的报酬。研究人员并没有给出更多有关报酬的细节，只是表示参与者会在研究结束后得到答复。这不是一件什么大不了的事情，但足以在组内引发小小波澜。接下来，两组参与者完成了一系列测试。第一项测试中，研究人员在一台计算机上向参与者展示了一些短语，让他们选出自己喜欢的短语。这些短语由一个表达创新性或实用性的词语（比如新颖的、原创的、实用的、有用的）和一个褒义词或贬义词（比如阳光、和平、丑陋、战争）组成。在每一轮中，参与者都要选出自己喜欢的词语进行配对，例如有用的战争、新颖的阳光。这项测试被称为内隐联想测验[12]（implicit associations test），根据参与者的反应时间来衡量他们的联想思维能力。选出某些特定词语组合（比如实用 + 褒义词或者创新 + 褒义词）的速度越快，次数越多，说明概念关联能力越强。第二项测试的意图更加显而易见，研究人员让参与者用七分制表格来评估自己对创新性和实用性的态度，以此来测量他们对创造力的看法。这种方法很直观，被称为外显联想测验[13]（explicit associations test）。两组参与者均进行了相同的测试，当研究人员统计结果时，他们发现，没有机会获得额外补偿的一组无论是在内隐还是外显测验中，对创新性和实用性都表现出了同等程度的积极态度。在外显测验中，他们声称自己渴望创新想法，在内隐测验中，他们对表达创新性的词语和表达实用性的词语几乎一视同仁，没有显著差别。然而，对于“不确定组”，结果稍有不同，这组的参与者只在外显测验中对创新性和实用性表达出积极态度，而在内隐测验中将创新性和实用性区别对待，相较于实用性，他们对创新性持有内隐偏见，虽然他们嘴上说自己重视创新想法，但在内隐测验中，他们从创新性和实用性词语中二选一时，明显更倾向于后者。这组参与者虽然口口声声说自己想要有创造力的新想法，但是，一旦遇到微小的不确定性，他们就会改变想法，更青睐那些没那么创新但更实用的词语。

如果社会上到处都充满了不确定性，人人都对创新持有偏见，那么或许就可以解释为什么大家总是排斥那些重要的创新发明了。为了验证这一观点，研究团队返回实验室，这次他们找来另外一些参与者，通过实验来了解他们发现创新想法的能力。参与者仍被分为两组，这次研究人员尝试在其中一组中建立高容忍度的不确定性，在另一组中建立低容忍度的不确定性。在参加测试之前，两组参与人员都被要求提前准备一些东西，目的就是在两组中分别建立不同的容忍度。高容忍度组需要完成一篇论文，论证“每一个问题都存在多种解决方法”，这么做的目的是让组员们“先入为主”，在他们心里不知不觉地建立起对新想法的偏好。对于低容忍度组，研究人员也让他们完成一篇论文，但论证相反的观点——“大多数问题只存在一个正确的解决方法”。两组参与者先是完成了与上次研究相同的内隐和外显联想测验，然后，他们一同评价一款创新产品——一双能自动调节面料厚度、在变温条件下保持脚部清爽的跑步鞋。与预测结果一样，低容忍度一组表现出了对创造力的内隐偏见，相比之下，他们给新跑鞋差评的可能性更高。

这些实验结果为我们如何看待创造力带来了一些有趣的启

发。不论一个人的思想多么开明，或自诩非常开明，只要不确定性因素存在，他就会受到潜移默化的影响，对创造力持有偏见。这已经不仅仅是偏好熟悉事物或想要维持现状的问题了，而是会彻底排斥新颖、有创造力的想法。即便我们想要做出积极的努力，偏见也会影响我们发现创新想法的能力，但这些创新想法恰恰是我们梦寐以求的。我们发现在公司里创新异常艰难，因为大多数想法必须要经历一个相当复杂的涉及多层级、多人员的审批流程。每一层级的管理者或团队都会评估想法的可行性，或许对他们来说更重要的是，这个想法是否有可能损害到他们自己的业务部门乃至职业生涯。如果事实的确如此，那么再这样下去，公司的处境便岌岌可危。这一现象被范德堡大学的管理和创新实践教授大卫·欧文斯（David Owens）称为“否定的层级结构”[14]（hierarchy of no）。很多公司都在宣扬创造力和创新的好处，但却因为一些员工的偏见，导致公司没有办法创新，而这些员工正是当年为公司打下天下的人。很多追求创新的公司都允许想法慢慢萌发，为了找到真正可行的最佳想法，他们还需要让新想法冲破重重障碍，化茧成蝶。但如果公司中的障碍难度过高，员工们对创新的偏见扼杀了那些具备实用性、却因太过新颖而不被认可的想法，那么就会有一连串的问题接踵而至。穆勒和她的团队认为，这些公司最需要的可能不是大量的创新想法，而是一套发现创新、接纳创造力的先进体系。[15]一家由两位好友和一群饱受传统官僚主义作风折磨的“受害者们”

合伙成立的公司，就研发出了一套这样的体系，效果显著。

Rite-Solutions 是一家位于美国罗德岛州纽波特县的软件公司，这家公司的软件产品多种多样，从海军使用的潜水艇指挥系统到赌场使用的电子赌博系统。[16] 公司于 2000 年创建，创始人是一对老朋友吉姆 · 拉沃伊（Jim Lavoie）和乔 · 马里诺（Joe Marino）。两人之前曾共同在一家顶尖的国防承包商工作，且都在公司中担任要职。但在聘用期内，他们对公司处理创新想法的方式大失所望。“如果你有一个好想法，他们会告诉你，‘好的，我们将为你安排一次在评审委员会面前阐述想法的机会’”，拉沃伊说道。“评审委员会的工作主要是确保公司不承担任何风险，他们的工作就是否决新想法。”[17] 马里诺补充道。这些评审委员会拿诸如市场规模、成本预测或投资的预期回报等问题来质疑想法的提出者。这种情况下，拿到通行证的通常不是最佳想法也不是最佳人选，而是演讲技巧最高的人。“我能做到副总裁的位置，不是因为我聪明，而是因为演技好”，拉沃伊说道。

拉沃伊和马里诺一心想要创建一家与众不同的公司，在那里创新想法会被大家欣然接受，可以在众人的努力下得以完善并壮大，而不会被扼杀在萌芽状态。尽管这家公司在成立伊始就紧紧遵循这条原则，但直到 2004 年，他们才真正明白如何建立起这样一个体系。拉沃伊是在收听财经新闻、思考股票市场的时候，突发奇想能不能让市场成为检验创新的工具。在公开市场中，任何人都可以对他或她认为发展前景良好的公司进行投资，人们会研究潜在投资对象，只要人们觉得自己掌握了足够多的信息，就可以购买股票。没有所谓的评审委员负责评价每一只股票的商业规划和决定多少人可以投资，取而代之的是人人都有投资自主权。拉沃伊由此想到，他也可以在公司内部建立一套类似的体系，管理员工的创新想法。于是，一个名为“共乐”（Mutual Fun）的平台应运而生。

“共乐”平台是一个市场化的系统，搭建于 Rite-Solutions 公司内网中。为了更好地将员工的创新想法分类，公司将整个市场分为三类交易市场，它们是“试吧斯达克”（Spazdaq）市场，用于交易全新的业务和技术，通常具有一定风险性；“鲍琼斯”（Bow Jones）市场，用于交易与公司现有产品相接近的潜在扩展产品；“储蓄债券”（Savings Bonds）市场，用于交易规模较小的业务创新产品。公司的任何员工都可以在任何一个市场提出创意，无需获得管理层的批准。对于每条创意，提出者需要创建一个“ExpectUs”（此处双关语，意为“简介”）说明，描述这条创意和它的发展潜力；除此之外，还有一个“Budge-It”说明，描述在创意提出者眼中，进一步推动该创意发展所需的必要步骤。每只新股都被分配一个股票代码，认购价为 10 美元。每名员工拥有 1 万美元的虚拟货币，可以投资他或她心仪的创意。除了接受投资外，每一只挂牌的股票都设有评论栏，以方便大家讨论该创意的价值以及下一步工作要考虑的问题。

与真实市场一样，大部分资金流向那些受投资者青睐、最具发展前景的创意中。但事实上，员工们不仅投入了资金，还投入了自己的时间和专业知识，自愿为那些有潜力的创意方案贡献一份力量。“庄家”每个星期登录系统一次，根据大家投入的资金量和时间对每只股票进行评估，那些缺乏热度的创意最终会被市场剔除，而发展势头良好的创意最终可以获得真金白银的资助，转化为真正的项目。当一只股票从创新想法发展成为盈利项目之后，那些曾为之投入精力的员工将有资格分享公司红利或股票期权收益。不论想法获得投资与否，提出者都可以在年度绩效评价中得到相应的加分。

这套体系自 2005 年启用至今，短短几年时间，已经取得了巨大成功。虽然先前发放给每名员工的 1 万美元只是虚拟货币，但公司获得的投资回报却是实打实的真金白银。“它让我们集思广益，充分发挥每个人的聪明才智”，拉沃伊说道。举个例子，有一个来自“共乐”平台的创意，被应用到市场后，大幅提升了公司的核心技术——模式识别算法的效果，这些算法广泛应用于各式各样的军事应用以及赌场游戏程序中。一名不了解算法实现细节的行政人员想知道，这些算法是否也可以应用在教育类游戏中，[18] 于是她把这个想法放在了“共乐”平台上，工程师们纷纷投资，他们都渴望将其变成现实。后来这一想法得以实施，促成了公司与一家知名玩具公司的合作，做成一笔大单。仅在启用的第一年，平台就为公司贡献了 50% 的新业务增长点。Rite-Solutions 开创了管理员工创新想法的新方式，它削弱了大多数公司普遍存在的对创造力的偏见。员工们的想法不需要经过评审委员会或者“否定的层级结构”，取而代之的是用一个系统囊括所有的创意，公平地展现在全体员工面前，让最好的创意脱颖而出。公司不再由一小拨人独揽某个想法的生杀大权，因此避免了少数人承担所有不确定性的风险，这种方法也使得人人都能参与到公司的重大决策中。如果你中意某个想法，但还没有到着迷的地步，则只需投入一些资金，不用花费任何时间在上面。据马里诺介绍，对于他本人——公司的首席决策者而言，这套体系还有另外一个好处，“这套系统卸下了我肩上的沉重负担——必须总是做出正确的选择”，因此在评估一个想法是否具有潜力的过程中，降低了公司承担的风险。Rite-Solutions 并没有大张旗鼓地强迫员工提升创造力，拉沃伊和马里诺相信，每名员工身上都有创新潜能，都能想出好点子，与其花精力提升公司的创新产出，不如另辟蹊径，开发一套体系，更好地从员工身上发现创新想法，事半功倍。

仅仅产生伟大想法是远远不够的。虽然我们的生活中到处都充满了复杂挑战，公司需要创新解决方案，但与此同时，我们也生活在一个对有创造力存在偏见的世界。“捕鼠器神话”让我们误以为，对于我们自己的发明创造和创新想法，整个世界都翘首企盼，但事实上，大部分人很难从新颖的东西中发现实用性，也就无法认可它的价值。世界一方面标榜渴望伟大的创意，另一方面却在排斥创新。在所有与创造力有关的神话中，“捕鼠器神话”是最有可能扼杀创新的一个，因为它无关想法的产生，更确切地说，它影响的是想法的具体实施。对于公司而言，拥有一批创新人才还远远不够，还需要形成一种接纳好想法的企业文化。对于普通人而言，学习如何更富创造力还远远不够，还要在被拒绝时不抛弃、不放弃。本章提到的所有想法最终都得以实现，它们的成功绝不仅是因为想法本身具有创造性，至少这不是首要原因，而是由于创造者的坚持不懈，最终把想法转化成了创新成果。同样，对于团队领导者而言，仅使团队更具创造力还远远不够，领导者还要克服自己的偏见，慧眼识珠，提早发现潜在的创新。

在寻求伟大创意的路上，我们不能只顾勇往直前，有时也要停下脚步，把手中的东西推广出去。

注释

Notes

第1章　创造力神话

1 Diodorus Siculus,*Bibliotheca Historica*,4.7.1-2.

2 R. Keith Sawyer,*Explaining Creativity:The Science of Human Innovation* (Cam-bridge:Oxford University Press,2012),19.

3 古希腊时期的一种弦乐器，琴身为U字型。

4 Robert S. Albert and Mark A. Runco, “A History of Research on Creativity,” in *Handbook of Creativity*,ed. Robert J. Sternberg (Cambridge : Cambridge University Press，1998), 16-20.

5 杰弗里·乔叟(Geoffrey Chaucer)，1343-1400，英国文学之父，被公认为中世纪最伟大的英国诗人，也是首位葬在维斯特敏斯特教堂诗人之角(Poet of Westminster Abbey)的诗人，代表作还有《百鸟会议》等。

6 共济会，出现在18世纪的英国，是一种带有宗教色彩的兄弟会组织，他们自称宣扬博爱和慈善，追求人类生存意义，众多著名人士都是共济会成员。九姐妹分会于1776年在巴黎成立，九姐妹指希腊神话中掌管文艺的九位缪斯。

7 Teresa M. Amabile,*Creativity in Context: Update to the Social Psychology of Creativity* (Boulder, CO : Westview，1996), 35.

8 Teresa M. Amabile and others, “Assessing the Work Environment for Creativity,” *Academy of Management Journal 39* (1996):1155-1184.

9 Amabile，*Creativity in Context*.

10 Amabile，*Creativity in Context*.

11 横向思维（lateral thinking），又称德博诺理论、水平思维法，是指在思考问题时，摆脱已有知识和旧的经验约束，冲破常规，提出富有创造性的见解、观点和方案，与之相对应的是垂直思考法（vertical thinking）。

12 关于捕鼠器（mouserap）的说法，出自美国思想家、文学家、诗人拉尔夫·沃尔多·爱默生(Ralph Waldo Emerson)的一句话“Build a better mousetrap, and the world will beat a path to your door”，这句话现在被用于比喻创新的巨大力量。“捕鼠器神话”的背景是，自1838年以来，美国专利局已经发布了超过4400项捕鼠器专利，但只有不到两成的专利真正能在市场上盈利。

第2章　尤里卡神话

1 尤里卡，古希腊语，意为“我找到了”。

2 William Stukeley,*Memoirs of Sir Isaac Newton’s Life* (1752).

3 Voltaire, *Lettres Philosophiques*.

4 Patricia Fara，“Catch a Falling Apple: Isaac Newton and Myths of Genius,” *Endea-vour 23* (1999): 167-170.

5 Mihaly Csikszentmihalyi，*Creativity: Flow and the Psychology of Discovery and Invention* (New York : HarperPerennial，1997).

6 Scott Berkun，*Myths of Innovation* (Sebastopol, CA : O’Reilly，2010).

7 Csikszentmihalyi，*Creativity*，101.

8 Ellwood and others, “The Incubation Effect: Hatching a Solution?” *Creativity Research Journal 21* (2009): 6-14.

9 Myers-Briggs Type Indicator，简称MBTI，基于人格类型理论编制，由瑞士精神病学家C．G．荣格创始，后经美国凯瑟琳·布瑞格斯（Katherine Briggs）和伊莎贝尔·麦尔斯（Isabel Myers）母女二人研究，并发展完善。因其测评信息丰富、理论体系完善、易于理解等优势，广泛运用在职业生涯咨询、婚姻辅导、人才选拔等多个领域。

10 Benjamin Baird and others, “Inspired by Distraction: Mind Wandering Facilitates Creative Incubation,” *Psychological Science 23*，no. 10 (2012), 1117-1122.

11 Norman R. F. Maier, “Reasoning in Humans: II. The Solution of a Problem and Its Appearance in Consciousness,” *Journal of Comparative Psychology 12* (1931): 181-194.

12 David Owens，*Creative People Must Be Stopped: 6 Ways We Kill Innovation (Without Even Trying)* (San Francisco : Jossey-Bass，2011).

13 Minnesota Mining and Manufacturing Company，1902年成立于美

国明尼苏达州，开发生产的优质产品多达5万种，服务于通信、交通、工业、汽车、航天、航空、电子、电气、医疗、建筑、文教办公及日用消费等诸多领域。

14 Quoted in Matthew May，*The Laws of Subtraction: 6 Simple Rules for Winning in an Age of Excess* (New York : McGraw-Hill，2012), 184.

第3章 种群神话

1 U.S. Department of Labor, "Fact Sheet #17D: Exemption for Professional Employees Under the Fair Labor Standards Act (FLSA)," *Wage and Hour Division* (July 2008).

2 R. Keith Sawyer，*Explaining Creativity: The Science of Human Innovation* (Cam-bridge : Oxford University Press，2012).

3 *Ibid*.

4 *Ibid*.

5 DISC个性测验，是国外企业广泛应用的一种人格测试，用于测查、评估和帮助人们改善其行为方式、人际关系、工作绩效、团队合作、领导风格等。它从支配性(dominance)、影响性(influence)、稳定性(steady)和服从性（compliance）四个方面对性格特质进行描述。

6 R. Keith Sawyer，*Explaining Creativity: The Science of Human Innovation* (Cam-bridge : Oxford University Press，2012).

7 Brian Caplan, *Selfish Reasons to Have More Kids: Why Being a Great Parent Is Less Work and More Fun Than You Think* (New York : Basic Books，2011).

8 Marvin Reznikoff and others, "Creative Abilities in Identical and Fraternal Twins," *Behavior Genetics 3* (1973): 365-377.

9 Gary Hamel, The *Future of Management* (Boston : Harvard Business School Press，2007).

10 根据岗位的工作性质及特征对岗位进行分类。

11 R. Keith Sawyer，*Group Genius: The Creative Power of Collaboration* (New York :Basic Books，2007).

第4章 独创性神话

1 Malcolm Gladwell，"In the Air: Who Says Big Ideas Are Rare?" *New Yorker 84*，no. 13 (2008): 50-60.

2 *Ibid*.

3 W. F. Ogburn and D. S. Thomas，"Are Inventions Inevitable?" *Political Science Quarterly 37* (1922): 83-98.

4 W. Brian Arthur，*The Nature of Technology: What It Is and How It Evolves* (New York :Free Press，2009).

5 Robert Sutton，*Weird Ideas That Work: How to Build a Creative Company* (New York :Free Press，2002).

6 John Steele Gordon，*The Business of America: Tales from the Marketplace—American Enterprise from the Settling of New England to the Breakup of AT&T* (New York :Walker，2001), 103.

7 Robert A. Logan，*Shakespeare's Marlowe: The Influence of Christopher Marlowe on Shakespeare's Artistry* (Burlington, VT : Ashgate，2007).

8 Julius Meier-Graefe，*Vincent van Gogh: A Biography* (Mineola, NY : Dover，1987).

9 Kirby Ferguson，*Everything Is a Remix Part 2: Remix, Inc.*，directed by Kirby Ferguson (New York : Goodiebag，2011), http://vimeo.com/19447662.

10 Pier Massimo Forni，*The Thinking Life: How to Thrive in the Age of Distraction* (New York : St. Martin’s Press，2011).

11 Andy Boynton，Bill Fischer，and William Bole，*The Idea Hunter: How to Find the Best Ideas and Make Them Happen* (San Francisco : Jossey-Bass，2011).

12 Alexander Bain，*The Senses and the Intellect* (London : John Parker & Sons，1855),572.

13 Sarnoff Mednick，“The Associative Basis of the Creative Process，” *Psychological Review 69* (1962): 220-232.

14 Hikaru Takeuchi and others, “White Matter Structures Associated with Creativity: Evidence from Diffusion Tensor Imaging，” *NeuroImage 51* (2010): 11-18.

15 弥散张量成像（DTI），是核磁共振成像的特殊形式，用于描述大脑的结构，是当前唯一一种能有效观察和追踪脑白质纤维束的非侵入性检查方法。

16 Hikaru Takeuchi and others, “Training of Working Memory Impacts Structural Connectivity，” *Journal of Neuroscience 30*，no. 9 (2010): 3297-3303.

17 Robert K. Merton，*On the Shoulders of Giants: A Shandean Postscript*

(Chicago :University of Chicago Press，1993), 9.

18 Walter Isaacson，*Steve Jobs* (New York : Simon & Schuster，2011), 178.

19 Malcolm Gladwell，“Creation Myth: Xerox PARC, Apple, and the Truth About Innovation，” *New Yorker 87*，no. 13 (2011): 44-53.

20 Quoted in Warren Bennis, *Organizing Genius: The Secrets of Creative Collaboration* (New York : Basic Books，1998), 66.

21 Kirby Ferguson，“*Embracing the Remix*，” YouTube (June 2012), http://youtu.be/zd-dqUuvLk4.

第5章 专家神话

1 所有关于杰伊·马丁的引述均来自作者对他的电话采访，2012年6月15日。

2 意指年轻人能力更强。

3 R. Keith Sawyer，*Explaining Creativity: The Science of Human Innovation* (Cambridge : Oxford University Press，2012).

4 根据前文所述，一个人的创作生涯中，生产力变化曲线呈现倒U型，当且仅当倒U型曲线到达顶峰阶段时，称为“黄金创作期”。

5 Bruce Schector，*My Brain Is Open: The Mathematical Journey of Paul Erdos* (New York : Simon & Schuster，1998), 14.

6 Jerry Grossman，“List of Publications of Paul Erdos: Update，” Oakland University, https://fi les.oakland.edu/users/grossman/enp/pub10update.pdf (accessed June 2,2012).

7 用于形容埃尔德什在学术上涉猎广泛，学识广博。

8 Don Tapscott and Anthony D. Williams，*Wikinomics: How Mass Collaboration Changes Everything* (New York : Portfolio，2006).

9 Ibid., 98.

10 Joshua Lerner，*Architecture of Innovation: The Economics of Creative Organizations* (Boston : Harvard Business Review Press，2012).

11 作者对莱尼·孟东卡的采访，2012年12月19日，美国旧金山。

12 作者对詹妮弗·阿纳斯塔索夫的采访，2012年12月20日，美国旧金山。

13 Peter Sims，“Fuse Corps Becomes a BIG Bet, Thanks to Many Black Sheep ” (September 11,2011),http://petersims.com/2012/09/11/fuse-corps-becomes-a-big-bet-thanks-to-many-black-sheep/.

14 作者对诺埃尔·加尔佩林的采访，2012年12月17日，美国旧金山。

15 作者对莱尼·孟东卡的采访，2012年12月19日，美国旧金山。

16 功能固着，一种认知局限，人们在看到物品的一种惯常功用后，很难看出其他新用途。

第6章　激励神话

1 Radiolab，一档在美国国家公共电台播放的电台节目。

2 Arun Venugopal and Caitlyn Kim，“MacArthur Genius Grants Announced, Radio-lab Host Among Recipients，” *WNYC News Blog* (September 20, 2011),http://www.wnyc.org/blogs/wnyc-news-blog/2011/sep/20/macarthur-genius-grants-announced/.

3 MacArthur Foundation，“Fellows Frequently Asked Questions，” *MacArthur Foundation*, http://www.macfound.org/fellows-faq/

(accessed June 15, 2012).

4 Diane Couto, “Picking Winners: A Conversation with MacArthur FellowsProgram Director Daniel J. Socolow, ” *Harvard Business Review 85* (2007):121-126.

5 George E. Burch, “Of Venture Research, ” *American Heart Journal 92*, no. 6 (1976):681-683.

6 Bradford C. Johnson, James M. Manyika, and Lareina A. Yee, “The Next Revolution in Interaction, ” *McKinsey Quarterly 4* (2005): 25-26.

7 Teresa M. Amabile, Elise D. Phillips, and Mary Ann Collins, “Creativity by Contract: Social Infl uences on the Creativity of Professional Artists ” (paper presented at the meeting of the American Psychological Association, Toronto, Ontario,Canada, August 14-18, 1993).

8 Teresa M. Amabile, *Creativity in Context* (Boulder, CO : Westview Press, 1996),107.

9 Edward Deci and Richard Ryan, *Intrinsic Motivation and Self-Determination in Human Behavior* (New York : Plenum, 1985).

10 “胡萝卜加大棒”是激励方式中的一种。胡萝卜是奖励机制，大棒是惩罚机制。

11 David Burkus and Gary Oster, “Noncommissioned Work: Exploring the Infl uence of Structured Free Time on Creativity and Innovation, ” *Journal of Strategic Leadership 4*, no. 1 (2012): 48-60.

12 Rosabeth Moss Kanter, John Kao, and Fred Wiersema, *Innovation:*

Breakthrough Thinking at 3M, DuPont, GE, Pfi zer, and Rubbermaid (New York : HarperBusiness，1997).

13 Daniel Pink，*Drive*: *The Surprising Truth About What Motivates Us* (New York :Riverhead，2009).

14 Ben Casnocha，“Success on the Side，” *The American*，April 24, 2009，http://www.american.com/archive/2009/april-2009/Success-on-the-Side/.

15 Daniel Pink，“Reap the Rewards of Letting Your Employees Run Free，” *Sunday Telegraph*，December 5, 2010，8.

16 R. Keith Sawyer，*Group Genius: The Creative Power of Collaboration* (New York :Basic Books，2007).

17 Robert Sutton，*Weird Ideas That Work: How to Build a Creative Company* (New York :Free Press，2002).

18 Tina Seelig，*inGenius: A Crash Course in Creativity* (New York : HarperOne，2012).

19 Jason Fried，“How to Spark Creativity，” *Inc. 34*，no. 7 (2012): 37.

第7章　孤独创造者神话

1 Robert Friedel and Paul Israel，*Edison’s Electric Light: Biography of an Invention* (New Brunswick, NJ : Rutgers University Press，1986).

2 Andrew Hargadon，*How Breakthroughs Happen: The Surprising Truth About How Companies Innovate* (Boston : Harvard Business School Press，2003).

3 Smithsonian Institute，“Edison’s Story,” *Smithsonian Lemelson*

Center，http://invention.smithsonian.org/centerpieces/edison/000_story_02.asp (accessed July 7, 2012).

4 爱迪生的工作实验室叫门洛帕克。

5 William E. Wallace，“Michelangelo, CEO，” *New York Times*，April 16, 1994，http://www.nytimes.com/1994/04/16/opinion/michelangelo-ceo.html.

6 Kevin Dunbar，“How Scientists Really Reason: Scientific Reasoning in Real-World Laboratories，” in *Mechanisms of Insight*，ed. Robert J. Sternberg and Janet Davidson (Cambridge, MA : MIT Press，1995), 365-395.

7 Brian Uzzi and Jarrett Spiro，“Collaboration and Creativity: The Small World Problem，” *American Journal of Sociology 111* (2005): 447-504.

8 《Variety》杂志是美国权威电影杂志，包括电影、电视、音乐等栏目，拥有数百年历史。

9 摘自作者对布莱恩·乌兹的邮件采访，2013年1月9日。

10 群体思维是指高内聚力的群体认为他们的决策一定没有错误，所有成员必须支持群体的决定，导致那些不一致的意见被忽视。

11 摘自作者对贾勒特·斯皮罗的邮件采访。

12 Andy Boynton，Bill Fischer，and William Bole，*The Idea Hunter: How to Find the Best Ideas and Make Them Happen* (San Francisco : Jossey-Bass，2011).

13 所有关于詹弗兰科·扎卡伊的引述均来自作者对他的电话采访，2012年12月4日。

第8章 头脑风暴神话

1 Briane Dumaine，Julie Sloane，Kemp Powers，and Julia Boorstin，“How We Got Started，” *Fortune Small Business 14*，no. 7 (2004): 92-104.

2 Andy Boynton，Bill Fischer，and William Bole，*The Idea Hunter: How to Find the Best Ideas and Make Them Happen* (San Francisco : Jossey-Bass，2011), 53.

3 David Kesmodel，“Revolutionizing American Beer，” *Wall Street Journal*，April 19,2010，http://online.wsj.com/article/SB10001424052702304510004575185931547860908.html.

4 Quoted in Scott Berkun，*Myths of Innovation* (Sebastopol, CA : O’Reilly 2010), 88.

5 本章引用凯斯·索耶的话均来自作者对他的采访，2012年12月10日。

6 R. Keith Sawyer , *Zig Zag: The Surprising Path to Greater Creativity* (San Francisco :Jossey-Bass,2013) and *Explaining Creativity: The Science of Human Innovation* (Cambridge : Oxford University Press , 2012), 88-89 .

7 发散思维指从一个目标出发，沿着不同的途径去思考，探求多种答案的思维。

8 聚合思维指在解决问题的过程中，尽可能利用已有的知识和经验，把众多信息和可能性逐步引导到条理化的逻辑序列中，最终得出一个合乎逻辑规范的结论。

9 Alex Osborn，*Applied Imagination: Principles and Procedures of*

Creative Problem Solving (New York : Charles Scribner' s Sons，1957).

10 Anne K. Offner，Thomas J. Kramer，and Joel P. Winter，"The Effects of Facilitation, Recording, and Pauses on Group Brainstorming，" *Small Group Research 27* (1996): 283-298.

11 IDEO，"*About IDEO*，" IDEO, http://www.ideo.com/about/ (accessed July 13,2012).

12 IDEO，"Our Approach: Design Thinking，" IDEO, http://www.ideo.com/about/(accessed July 13, 2012).

13 Tom Kelley，*The Art of Innovation: Lessons in Creativity from IDEO, America' s Leading Design Firm* (New York : Crown Business，2001), 56.

14 Tom Kelley，"Prototyping Is the Shorthand of Design，" *Design Management Journal 12* (2001): 35-42.

第9章　凝聚力神话

1 Alvy Ray Smith，音译为埃尔维·雷·史密斯。"匠白光"这个中文名是1998年旧金山亚洲艺术博物馆的一个印章设计者Jon Bei Cui赠送的。匠白光自己的解释是和Alvy意思相近的"albino"，"albumen"，"albedo"等单词，都和白色有关；Ray即光线，英文解释为光（light）；于是他的名字英文解释即为White Light Smith，直译即白光匠，操作光线的工匠，恰好契合他的职业。

2 Walter Isaacson，*Steve Jobs* (New York : Simon & Schuster，2011), 431.

3 热带地区的一种茅草屋。

4 Ed Catmull，“How Pixar Fosters Collective Creativity，” *Harvard Business Review 86*，no. 9 (2008): 65-72.

5 Ed Catmull，interview with Martin Giles，the Innovation Summit, March 23-24，2010，Haas School of Business, University of California, Berkeley.

6 Quoted in Andy Boynton，Bill Fischer，and William Bole，*The Idea Hunter: How to Find the Best Ideas and Make Them Happen* (San Francisco : Jossey-Bass，2011),109.

7 Alex Osborn，*Applied Imagination: Principles and Procedures of Creative Problem Solving* (New York : Charles Scribner ’ s Sons，1957).

8 评价恐惧，在有他人存在的情境中，人们由于害怕被人评价而对个体的心里或者行为造成一定的影响，包括正面评价恐惧和负面评价恐惧两种。

9 Charlan Nemeth and others, “The Liberating Role of Conflict in Group Creativity: A Study in Two Countries，” *European Journal of Social Psychology 34* (2004):365-374.

10 Nancy Lowry and David W. Johnson，“Effects of Controversy on Epistemic Curiosity, Achievement, and Attitudes，” *Journal of Social Psychology 115* (1981):31-43.

11 Peter Drucker，*The Effective Executive* (New York : Harper Business，2006), 148.

12 Robert Sutton，*Weird Ideas That Work: 11½ Practices for Promoting,*

Managing, and Sustaining Innovation (New York : Free Press，2002), 85.

13 有多次创业经历的企业家。

14 David Freeman，“Say Hello to Your New Brain，” *Inc. 33*，no. 10 (2012): 72-78.

15 Peter Sims，*Little Bets: How Breakthrough Ideas Emerge from Small Discoveries* (New York : Free Press，2011).

第10章 约束神话

1 俳句是日本的一种古典短诗，有严格的格式要求，必须遵循两个基本规则，一是由五、七、五三行十七个字母组成，二是必须要有一个用以表示春夏秋冬或新年的季语。

2 十四行诗是欧洲一种规律严谨的抒情诗体，形式整齐，音韵优美，以歌颂爱情，表现人文主义思想为主要内容。

3 Matthew May，*The Laws of Subtraction: Six Simple Rules for Winning in the Age of Excess* (New York : McGraw-Hill，2012), 113.

4 Larry Abramson，“How a Promise Led to Innovation: A Peanut Sheller，” NPR :All Things Considered，November 10, 2010，http://www.npr.org/templates/story/story.php?storyId = 130890701.

5 Tina Seelig，*inGenius: A Crash Course in Creativity* (New York : HarperOne，2012).

6 Patricia Stokes，*Creativity from Constraints: The Psychology of Breakthrough* (New York : Springer，2006), xi.

7 Kathleen Arnold，Kathleen B. McDermott，and Karl K. Szpunar，

"Imagining the Near and Far Future: The Role of Location Familiarity," *Memory & Cognition 39* (2011): 954-967.

8 把认知停留在对事物的抽象而不是本质的抽象，是一种直线的、单向的、单维的、缺乏变化的思考方式。

9 Kirby Ferguson，*Everything Is a Remix Part 1: The Song Remains the Same*, directed by Kirby Ferguson (New York : Goodiebag，2011), http://vimeo.com/14912890.

10 劣构问题指的是没有明确的答案和固定的解决方法的问题，只有少量的已知条件，不易操作而且包括某些不确定因素，与之相对应的是良构问题。

11 Patricia Stokes，"Using Constraints to Generate and Sustain Novelty," *Psychology of Aesthetics, Creativity, and the Arts 1* (2007): 107-113.

12 Janina Marguc，Jens Förster，and Gerben A. Van Kleef，"Stepping Back to See the Big Picture: When Obstacles Elicit Global Processing," *Journal of Personality and Social Psychology 101*，no. 5 (2011): 883-901.

13 37signals, "Our Story," 37signals, http://37signals.com/about (accessed July 17,2012).

14 Jason Fried，"How I Got Good at Making Money," *Inc. 33*，no. 2 (2011): 54-60.

15 Nick Summers，"Chaos Theory," *Newsweek 155*，no. 15 (2010): 46-47.

16 软件开发商在软件的应用开发中不断加入和强调新功能，以至于损害了原本设计目标。

17 Nick Summers，“Chaos Theory，” *Newsweek 155*，no. 15 (2010): 46-47.

18 Jason Fried and David Heniemeier Hansson，*Rework* (New York : Crown Business，2011), 68.

第11章 捕鼠器神话

1 英文原文为“If you build a better mousetrap, the world will beat a path to your door”，直译为“如果你创造了一个更好的捕鼠器，全世界的大门都会向你打开”。

2 John H. Leinhard，“A Better Mousetrap，” *Engines of Our Ingenuity*，Episode 1163,http://www.uh.edu/engines/epi1163.htm (accessed November 17, 2012).

3 Elting E. Morison，*Men, Machines, and Modern Times* (Cambridge, MA : MIT Press，1966).

4 Quoted in Scott Berkun，*Myths of Innovation* (Sebastopol, CA : O’Reilly，2010), 59.

5 Eric Ries，*The Lean Startup: How Today’s Entrepreneurs Use Continuous Innovation to Create Radically Successful Businesses* (New York : Crown Business，2011), 111.

6 Dave Owens，*Creative People Must Be Stopped: 6 Ways We Kill Innovation (Without Even Trying)* (San Francisco : Jossey-Bass，2011), 126-127.

7 Tina Seelig，*inGenius: A Crash Course in Creativity* (New York : HarperOne，2012).

8 Kevin Davies，“Public Library of Science Opens Its Doors，” *Bio-IT World*，November 15,2003，http://bio-itworld.com/archive/111403/plos/.

9 Rob Kaplan，*Science Says: A Collection of Quotations on the History, Meaning, and Practice of Science* (New York : Stonesong，2003), 55.

10 Scott Kirsner，*Inventing the Movies: Hollywood’s Epic Battle Between Innovation and the Status Quo, from Thomas Edison to Steve Jobs* (n.l. : CinemaTech Books，2008), 18.

11 Plato, *Phaedrus*.

12 内隐联想测验，通过测量概念词和属性词之间的评价性联系，从而对个体的内隐态度等社会认知进行间接测量，能够利用被测者快速反应的特点，最大限度地避免个体意识对测验效度的干扰。由Greenwald等人在1998年提出，在内隐社会认知领域已经得到广泛应用。

13 外显联想测验，包括常见的自我测验以及情境测验，要求被测者根据自身的真实情况进行回答。

14 David Burkus and David Owens，*LDRLB*，Episode 303, podcast audio, March 5,2012，http://ldrlb.co/2012/03/0303-david-owens/.

15 Mueller，Melwani，and Goncalo，“*The Bias Against Creativity.*”

16 Gary Hamel，*The Future of Management* (Boston : Harvard Business School Press，2007).

17 Gregory Berns，*Iconoclast: A Neuroscientist Reveals How to Think Differently* (Boston :Harvard Business Review Press，2010), 72.

18 William C. Taylor，“Here’s an Idea: Let Everyone Have Ideas，” *New York Times*，March 26,2006，http://www.nytimes.com/2006/03/26/business/yourmoney/26mgmt.html ?.

致谢

Acknowledgments

本书的英文版封面暗讽地使用了孤独的创造者神话：封面上只有我一个人的名字。一本书不可能仅靠一个人独自完成，如果没有那么多人的协作和帮助，本书不可能呈现在你的面前。

感谢凯伦·布尔库什、特蕾莎·汉尼西、约翰·马斯、艾米·帕卡德、卡罗尔·哈特兰德、迈克尔·弗莱德博格、阿里·德莱昂以及约塞巴斯出版社（Jossey-Bass）的整个团队。

感谢贾尔斯·安德森 , 正因为你那一封简单的邮件，整个项目才得以启动。

感谢凯斯·索耶、丹·艾瑞利、贾勒特·斯皮罗、布莱恩·乌西、吉安弗朗科·扎卡伊、阿兰娜·芬克、奈特·罗森塔尔和杰伊·马丁，你们慷慨地付出了大量时间，为故事增添了很多色彩。

感谢詹妮弗·阿纳斯塔索夫、伦尼·伦多卡、诺勒·加尔佩林、杰里米·哥德堡以及在 Fuse 公司（Fuse Corps）的每一位同事。

感谢苏珊·麦卡尔蒙特以及在创新俄克拉荷马（Creative Oklahoma）的全体同事，你们一直在为本书提供源源不断的支持。

感谢皮特·西姆斯、斯科特·博坤、戴夫·欧文斯、马修·梅以及苏林·卡普兰，你们始终包容着我，在我表达想法时给予我急需的反馈。

感谢乔斯林·格雷和肖恩·布兰达，谢谢你们允许我借用 99U 的平台，去验证本书中的很多观点和故事。

感谢埃利奥特·塞缪尔·保罗、斯科特·巴利·考夫曼和米兰纳·费歇尔，你们创建了一个在线网站来讨论创造力。

特别感谢我过去的导师和老师们，他们是加利·奥斯特博士、琳达·格雷博士、温迪·舍基博士、克里斯汀·弗兰津姆老师和迈克尔·曼恩老师，是你们教会了我创新、如何变得富有创造力，以及如何进行写作，更重要的是，教会了我如何工作。

感谢马特·马利诺积极地下载文章并复印出来。感谢丽贝卡·甘恩积极地参与校对。还要感谢我在奥罗·罗伯特大学（Oral Roberts University）的全体学生，你们是最好的体验者（在一切都是雏形的时候）。

感谢史蒂夫·格林博士，你为我发展自身的创造力提供了辅导和激励（还有约束）。感谢奥罗·罗伯特大学商学院的全体教职人员，你们为我提供了大力的支持和鼓励。

最后要感谢我的妻子，詹娜，谢谢你忍受我所有的想法，尤其是那些既不新颖又没有实际用处的想法。

作者简介

The Myths of Creativity

大卫·博库斯是奥罗罗伯特大学商学院的一名管理助理教授，负责教授创造、创新、创业以及组织行为等课程。他是《LDRLB》的创始人兼编辑。LDRLB是一种线上出版物，旨在分享关于领袖、创新和战略研究的相关见解。

他所从事的关于领袖、创新和战略等方面的研究已经被许多学术杂志和从业出版物所发表，同时他还是《99U》和《Creativity Post》的特约撰稿人。此外，大卫·博库斯还是演说家，为创业者及500强公司甚至美国海军学院，都阐述过领导力和创新力。

大卫·博库斯本科毕业于奥罗罗伯特大学，硕士毕业于俄克拉何马大学组织动力学艺术专业，并获得了瑞金大学战略领导专业的博士学位。大卫·博库斯和他的妻子、儿子生活在俄克拉何马州的塔尔萨。

更多信息请浏览：http://davidburkus.com。

湖北省版权局著作权合同登记 图字：17-2017-127号

图书在版编目（CIP）数据

X创造力 /（美）大卫·博库斯著；崔遥译.
—武汉：华中科技大学出版社，2017.5
ISBN 978-7-5680-2814-1

Ⅰ.①X… Ⅱ.①大… ②崔… Ⅲ.①创造能力 Ⅳ.①G305

中国版本图书馆CIP数据核字（2017）第107953号

书　名　X创造力
作　者　[美]David Burkus
译　者　崔　遥

策划编辑　林　航　聂　莹
责任编辑　聂　莹
封面设计　杨小勤
责任监印　周治超

出版发行　华中科技大学出版社（中国·武汉）
　　　　　东湖新技术开发区华工园六路（邮编430223 电话027-81321913）
录　排　武汉金睿泰广告有限公司
印　刷　湖北新华印务有限公司
开　本　850mm×1168mm　1/32
印　张　7.75
字　数　153千字
版　次　2017年5月第1版第1次印刷
定　价　49.80元

本书若有印装质量问题，请向出版社营销中心调换
全国免费服务热线 400-6679-118 竭诚为您服务